"1+X"职业技能等级证书配套系列教材

人工智能
平台应用

北京百度网讯科技有限公司 广州万维视景科技有限公司 ◉ 联合组织编写

李垒 常城 ◉ 主编

许昊 刘惠敏 褚杰 ◉ 副主编

Artificial Intelligence
Platform Application

U0300285

人民邮电出版社

北京

图书在版编目（CIP）数据

人工智能平台应用 / 李垒，常城主编. -- 北京：
人民邮电出版社，2022.7（2023.6重印）
"1+X"职业技能等级证书配套系列教材
ISBN 978-7-115-57583-8

Ⅰ. ①人… Ⅱ. ①李… ②常… Ⅲ. ①人工智能-职
业技能-鉴定-教材 Ⅳ. ①TP18

中国版本图书馆CIP数据核字(2021)第257861号

内 容 提 要

本教材较为全面地介绍人工智能技术服务、人工智能开放平台应用与实践等内容。全书共 12 个项目，包括人工智能的技术与应用设计、产业与应用开发，智能数据服务平台入门使用、数据采集、数据清洗、图像标注，深度学习模型定制平台入门使用、模型训练、模型部署，深度学习开发平台视觉任务应用、文本任务应用、声音任务应用等。本教材以企业用人需求为导向、以岗位技能和综合素质培养为核心，通过理论与实战相结合的方式组织内容，努力培养能够根据深度学习项目需求，利用深度学习开发平台完成深度学习应用开发等的人才。

本教材适合用于"1+X"证书制度试点工作中的人工智能深度学习工程应用职业技能等级证书（初级）的教学和培训，也适合作为中等职业学校、高等职业学校、应用型本科院校人工智能相关专业的教材，还适合作为需补充学习深度学习应用开发知识的技术人员的参考用书。

◆ 主　　编　李　垒　常　城
　　副 主 编　许　昊　刘惠敏　褚　杰
　　责任编辑　初美呈
　　责任印制　王　郁　焦志炜
◆ 人民邮电出版社出版发行　　北京市丰台区成寿寺路 11 号
　　邮编　100164　电子邮件　315@ptpress.com.cn
　　网址　https://www.ptpress.com.cn
　　北京市艺辉印刷有限公司印刷
◆ 开本：787×1092　1/16
　　印张：13.25　　　　　　　　　2022 年 7 月第 1 版
　　字数：355 千字　　　　　　　2023 年 6 月北京第 2 次印刷

定价：49.80 元
读者服务热线：(010)81055256　印装质量热线：(010)81055316
反盗版热线：(010)81055315
广告经营许可证：京东市监广登字 20170147 号

前　言

PREFACE

随着互联网、大数据、云计算、物联网、5G通信技术的快速发展以及以深度学习为代表的人工智能技术的突破，人工智能领域的产业化成熟度越来越高。人工智能正在与各行各业快速融合，助力传统行业转型升级、提质增效，在全球范围内引发了全新的产业发展浪潮。艾瑞咨询公司提供的数据显示，超过77%的人工智能企业属于应用层级企业，这意味着大多数人工智能相关企业需要的人才并非都是底层开发人才，更多的是技术应用型人才，这样的企业适合职业院校和应用型本科院校学生就业。并且，许多人工智能头部企业开放了成熟的工程工具和开发平台，可促进人工智能技术广泛应用于智慧城市、智慧农业、智能制造、无人驾驶、智能终端、智能家居、移动支付等领域并实现商业化。

教育、科技、人才是全面建设社会主义现代化国家的基础性、战略性支撑。本书全面贯彻党的二十大精神，坚持科技是第一生产力、人才是第一资源、创新是第一动力，深入实施科教兴国战略、人才强国战略、创新驱动发展战略，开辟发展新领域新赛道，不断塑造发展新动能新优势。为积极响应《国家职业教育改革实施方案》，贯彻落实《国务院办公厅关于深化产教融合的若干意见》和《新一代人工智能发展规划》的相关要求，应对新一轮"科技革命"和"产业变革"的挑战，促进人才培养供给侧和产业需求侧结构要素的全方位融合，深化产教融合、校企合作，健全多元化办学体制，完善职业教育和培训体系，培养高素质劳动者和技能人才，北京百度网讯科技有限公司联合广州万维视景科技有限公司以满足企业用人需求为导向，以岗位技能和综合素质培养为核心，组织高职院校的学术带头人和企业工程师共同编写本书。本书是"1+X"证书制度试点工作中的人工智能深度学习工程应用职业技能等级证书（初级）指定教材，采用"教、学、做一体化"的教学方法，可为培养高端应用型人才提供适当的教学与训练。本书以实际项目转化的案例为主线，按"理实一体化"的指导思想，从"鱼"到"渔"，培养读者的知识迁移能力，使读者做到学以致用。

本书主要特点如下。

1. 引入百度人工智能工具平台技术和产业实际案例，深化产教融合

本书以产学研结合作为教材开发的基本方式，依托行业、头部企业的人工智能技术研究和业务应用，开展人工智能开放平台的教学与应用实践，发挥行业企业在教学过程中无可替代的关键作用，提高教学内容与产业发展的匹配度，深化产教融合。通过本书，读者能够依托工具平台，如百度公司的EasyData智能数据服务平台、EasyDL零门槛AI开发平台等，高效地进行学习和创新实践，掌握与行业企业要求匹配的专业技术能力。

前言

PREFACE

2. 以"岗课赛证"融通为设计思路，培养高素质技术技能型人才

本书基于人工智能训练师国家职业技能标准的技能要求和知识要求进行设计，介绍完成职业任务所应具备的专业技术能力，依据"1+X"人工智能深度学习工程应用职业技能等级标准证书考核要求，并将"中国大学生计算机设计大赛""中国软件杯大学生软件设计大赛"等竞赛中的新技术、新标准、新规范融入课程设计，将大赛训练与实践教学环节相结合，实施"岗课赛证"综合育人，培养学生综合创新实践能力。

3. 理论与实践紧密结合，注重动手能力的培养

本书采用任务驱动式项目化体例，每个项目均配有实训案例。在全面、系统介绍各项目知识准备内容的基础上，介绍可以整合"知识准备"的案例，通过丰富的案例使理论教学与实践教学交互进行，强化对读者动手能力的培养。

本书为融媒体教材，配套视频、PPT、电子教案等资源，读者可扫码免费观看视频，登录人邮教育社区（www.ryjiaoyu.com）下载相关资源。本教材还提供在线学习平台——Turing AI 人工智能交互式在线学习和教学管理系统，以方便读者在线编译代码及交互式学习深度学习框架开发应用等技能。如需体验该系统，读者可扫描二维码关注公众号，联系客服获取试用账号。

慕课视频

本书编者拥有多年的实际项目开发经验，并拥有丰富的教育教学经验，完成过多轮次、多类型的教育教学改革与研究工作。本教材由河南工业职业技术学院李垒、北京百度网讯科技有限公司常城任主编，广东轻工职业技术学院许昊、深圳第二职业技术学校刘惠敏、湖南三一工业职业技术学院褚杰任副主编，广州万维视景科技有限公司冯俊华、马敏敏等工程师也参加了图书编写。

万维视景公众号

由于编者水平有限，书中不妥或疏漏之处在所难免，殷切希望广大读者批评指正。同时，恳请读者发现不妥或疏漏之处后，能于百忙之中及时与编者联系，编者将不胜感激，E-mail：veryvision@163.com。

编者

2023 年 5 月

目 录
CONTENTS

目 录

CONTENTS

目 录

CONTENTS

第 3 篇　深度学习模型定制平台应用 / 87

目　录

CONTENTS

第1篇
人工智能技术服务

　　人工智能（Artificial Intelligence，AI）这门前沿性的研究学科自产生以来，经历了轰轰烈烈的发展，并且出现过不少令人欣喜的成就。人工智能还形成了多元的发展方向。特别是近年来在大数据、互联网、物联网等信息环境的推动下以及在新的算法、模型和硬件的助力下，人工智能在自然语言理解、语音识别、计算机视觉和数据挖掘等领域取得了显著的进展，成为社会经济发展的引擎，推动战略性新兴产业融合集群发展。

　　本篇将带领读者从人工智能的定义开始学习，逐步深入了解机器学习、深度学习、计算机视觉、自然语言处理等人工智能关键技术的概念和发展趋势，熟悉人工智能的产品架构，并掌握人工智能场景下的应用设计方案分析方法和具体的应用开发流程，从而为后续基于人工智能开发平台开展人工智能项目实训奠定理论基础。

项目 1
人工智能技术与应用设计

01

人工智能发展快速，已经进入寻常百姓的日常生活，为人们提供便利。人工智能不仅是一种技术，而且是一个技术集群。同时，人工智能不仅是一门科学，而且是一种系统的理念。人工智能将给人们的生产和生活方式带来革命性的变化，助力于把人们带入人类命运共同体的新时代。许多国家都将人工智能的发展作为占领世界科技制高点的关键政策与措施。

**项目
目标**

（1）了解智能与人工智能的定义。
（2）了解人工智能关键技术的概念。
（3）掌握人工智能场景下的应用设计方案分析方法。
（4）能够根据业务需求，分析人工智能场景下的应用设计方案。

 ## 项目描述

本项目首先会讲解智能与人工智能的定义，然后讲述人工智能中的关键技术，再通过智能教育下的儿童教学和校园安全保障场景的项目，进行场景需求分析，并推导出相应场景下可采用的技术设计方案，为读者进一步学习和进行人工智能项目开发做预先准备。

 ## 知识准备

1.1 智能与人工智能

"人工智能"（Artificial Intelligence，AI）指的是表现出与智能（如推理和学习）相关的各种功能单元的能力。因此要具体了解什么是人工智能，就需要先了解什么是智能。

1.1.1 智能的定义

一般认为，智能是指个体对客观事物进行合理的分析、判断，以及有目的的行动和有效处理任务的综合能力。智能至少包括3个方面的能力，分别为感知能力、记忆与思维能力、以及学习与适应能力。

1. 感知能力

感知能力指的是人通过感觉（如视觉、听觉、触觉等）器官的活动，接收来自外界的一些信息（如声音、图像、气味等）。感知是人类基本的生理、心理现象，是获取外部信息的重要方式。人类的大部分知识都是通过感知获取的，具备感知能力是产生智能活动的前提与必要条件。

2. 记忆与思维能力

人通过感觉器官获得对外部事物的感性认知，经过初步概括和加工之后，形成相应事物的信息并将之存储于大脑之中，再利用已有的知识对信息进行分析、比较、判断、推理、联想、决策等，将感性认知抽象为理性知识，这就是记忆与思维能力。

3. 学习与适应能力

学习能力指的是人们通过教育、训练和学习来丰富自身的知识和技巧的能力。而对变化多端的外界环境灵活地做出反应的能力，就是适应能力。人们在与环境的交互中不断地学习知识、积累知识，从而适应环境的变化。

1.1.2 人工智能的定义

"人工智能"一词最初是由约翰·麦卡锡（John McCarthy）在1956年达特茅斯会议上提出的。从那以后，研究者们发展了众多理论和原理，人工智能的定义也随之扩展。目前常见的人工智能的定义有两个，一个是在达特茅斯会议上提出的，即"人工智能是一门科学，是使机器做那些人需要通过智能来做的事情"；另一个定义是人工智能学科的创始人之一尼尔斯·约翰·尼尔森提出的，即"人工智能是关于知识的科学"。

同时，人工智能是一门学科，主要目的是研究、开发用于模拟、延伸和扩展人的智能的理论、方法、技术及应用系统。人工智能是计算机科学的分支，它企图了解智能的实质，并生产出一种新的、能以与人类智能相似的方式做出反应的智能机器。该领域的研究内容包括机器人、语言识别、图像识别、自然语言处理和专家系统等。

1.2 人工智能关键技术

前面介绍了人工智能的定义，接下来分别介绍人工智能学科中的机器学习、深度学习、计算机视觉、自然语言处理、知识图谱和人机交互这6种关键技术。

1.2.1 机器学习

机器学习（Machine Learning，ML）指的是某功能单元通过获取新知识或技能，或通过整理已有的知识或技能来改进其功能的过程，其是现代智能技术中的重要技术之一，其目的是让计算机程序学习事物的规律和理解事物间的关联，对输入算法模型的数据进行运算并输出预测结果。

人类能够意识到，所认知的事物之间存在着关联，但如果将这些事物的名称直接输入计算机，计算机并不能像人那样"意识"到这些名词的含义和关联。计算机程序能够处理的，只有数值和运算。要让一段程序认识并理解客观世界中的事物，则需要将这些事物数值化，将事物之间的关联转化为运算。

当若干现实世界的事物转换为数值后，计算机会利用这些数值进行一系列运算来确定数值间的关系，然后会根据整体中个体与个体的相互关系来确定某个体在整体中的位置，以理解事物的含义和事物之间的关联。其中用于处理数据的运算模型就是算法模型。

依据不同的学习方式，机器学习主要分为以下 4 种学习模式：监督学习、无监督学习、半监督学习、弱监督学习。

1. 监督学习

监督学习指的是输入数据即"训练数据"的期望输出是已知的，学习目的是对新数据的输出进行预测的方法，即在监督学习下，每组训练数据都有一个明确的标识或结果，如口罩检测系统中的"正确佩戴口罩"和"未正确佩戴口罩"两种结果。在建立预测模型的时候，监督学习将预测结果与训练数据的实际结果进行比较，并调整预测模型，直到模型的预测准确率达到要求。

2. 无监督学习

与监督学习不同，无监督学习的训练数据没有明确的标识或结果。无监督学习是一种用无标签的样本数据训练模型的一种机器学习模式。无监督学习的模型可以度量无标签数据间的差异，并根据数据间的差异大小对数据进行分类。

3. 半监督学习

半监督学习相当于监督学习和无监督学习的有机结合。在此种学习模式下，输入数据可以有部分未被标识。样本数据类别未知，需要根据样本间的相似性对样本集进行分类，使同一类样本集内的多个样本之间的差异最小化、不同类样本集内的样本之间的差异最大化。

4. 弱监督学习

弱监督学习是指，使用已知数据和与其一一对应的弱标签来训练智能算法，将输入数据映射到一组更强的标签的过程。标签的强弱是由其蕴含的信息量决定的，标签蕴含的信息量越多则标签越强。举个例子，现有存放在计算机上的一张图像，已知图像中有物品 A、物品 B、物品 C 等，需要计算机找出物品 A 在图像中的位置，即找到物品 A 与图像背景的分界位置，这就是计算机通过已知弱标签去学习得到强标签的弱监督学习过程。

1.2.2 深度学习

深度学习（Deep Learning，DL）是机器学习的分支，是一种以人工神经网络为架构，对数据进行表征学习的算法。深度学习模仿了大脑神经网络建立更加复杂的模型，从而通过神经网络模型去学习样本数据的内在规律和表示层次。相比于机器学习，深度学习具备更多的数据样本与更强的处理能力。

算法与框架是学习深度学习的过程中需要了解的两个知识点。经典的深度学习算法包括卷积神经网络和循环神经网络等。卷积神经网络常被应用于具有空间分布性的场景，比如图像检测中的目标定位；循环神经网络是在神经网络中引入了记忆和反馈机制，常被应用于具有时间顺序性的场景，比如自然语言处理和语音识别。

在深度学习初始阶段，每个深度学习开发者都需要编写大量的重复代码。为了提高工作效率，部分开发者将这些代码写成了框架，方便其他开发者一同使用。慢慢地，网络上出现了各种框架，其中 PaddlePaddle（飞桨）、PyTorch、TensorFlow、Caffe 等几个较为好用的框架被大量开发者使用而流行了起来，这些框架就是深度学习框架。

1.2.3 计算机视觉

计算机视觉（Computer Vision，CV）指的是功能单元获取、处理和解释可视数据的能力，其目标是让计算机拥有类似于人眼的视觉能力，包括对环境进行信息提取、处理、理解和分析的能力。如图 1-1 所示，自动驾驶，需要利用计算机视觉技术从视觉信号中提取有用信息并处理信息。

图 1-1 利用计算机视觉技术识别街道环境

根据解决的问题，计算机视觉的任务可分为分类、定位、检测与分割 4 类。

• 分类：主要解决"是什么"的问题。实现的效果是，判断一张图像或一段视频中包含什么类别的目标。

• 定位：主要解决"在哪里"的问题。实现的效果是，在图像或视频中定位出目标的位置。

• 检测：主要解决"是什么？在哪里？"的问题。实现的效果是，在图像或视频中定位出目标的位置并且明确目标的类别。

• 分割：主要解决"某个像素属于哪个目标或场景"的问题。实现的效果是，根据程序既定规则把图像或视频中的像素分成不同的部分，主要用来定位图像或视频中的物体和边界。

1.2.4 自然语言处理

自然语言处理（Natural Language Processing，NLP）指的是研究能实现人与计算机之间用自然语言进行有效沟通的各种理论和方法，其目标是实现人与计算机之间用自然语言有效通信。自然语言处理的过程包括语言的认知、理解和生成。其中认知和理解的过程是将输入计算机的自然语言，如文本和语音，转化为计算机能够处理的数值和运算，然后根据设计的需求进行数据处理；生成的过程则能够将计算机数据转化为自然语言。自然语言处理可用于机器翻译、自动、问答等诸多领域。

1. 机器翻译

机器翻译指的是将一种自然语言（源语言）翻译为另外一种自然语言（目标语言）的过程、技术的方法，并且保持语义不变，如图 1-2 所示。机器翻译在多轮对话翻译及文章翻译等场景中具有重要作用。

图 1-2 机器翻译

2. 自动问答

自动问答（Question Answering，QA）指的是利用计算机自动回答用户所提出的问题以满足用户的知识需求，其的目的是让计算机拥有使用自然语言与人进行交流的能力。人们可以用自然语言向问答系统提出问题，问答系统能准确接收、理解问题并返回与问题关联性较高的答案。目前问答系统已经应用于客服咨询类产品中。

1.2.5　知识图谱

知识图谱（Knowledge Graph，KG）是一种描述真实世界中存在的各种事物的自身性质以及事物之间联系的语义网络，其本质是一种由节点和节点之间的连线组成的图数据结构知识图谱中节点表示现实世界的"实体"，节点和节点之间的连线表示实体与实体之间的"关系"，以此构建一个实体之间的关系网络，让使用者从"关系"的角度去分析问题。

如图 1-3 所示，知识图谱广泛应用于金融行业，也可应用于反欺诈、不一致性验证等公共安全保障领域。另外，知识图谱在搜索引擎、可视化展示和精准营销方面有很大的优势。

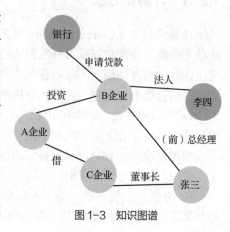

图 1-3　知识图谱

1.2.6　人机交互

人机交互（Human-Computer Interaction，HCI）是一门交叉学科，主要研究系统与用户之间的交互关系，主要目的是实现人和计算机之间的信息交换，包括文本信息、语音信息和动作信息等。传统的人与计算机之间的信息交换主要依靠交互设备实现，主要使用键盘、麦克风、摄像头等输入设备，以及显示器、音箱等输出设备。人机交互技术包括语音交互、情感交互、脑机交互等技术。

1. 语音交互

语音交互是一种高效的交互方式，是人以自然语音或机器合成语音同计算机进行交互的综合性技术，研究内容包括语音识别、语音合成、人在语音通道环境下的交互机理、行为方式等。

语音交互的过程主要分为 4 个阶段：语音采集、语音识别、语义理解和语音合成。在语音采集阶段，系统对音频进行录入，通过编码将音频转化为计算机能够处理的数据形式；在语音识别阶段，系统将采集到的语音信息与库中存储的语音信息进行对比，从而识别采集到的语音信息的所属类别；在语义理解阶段，系统根据语音识别转化后的文本字符或命令做出设定好的反应和操作；在语音合成阶段，系统将文本信息转化为声音信息进行输出交互。

语音交互是人类传递和获取信息的自然手段，因此语音交互相比其他交互方式具有天然的优势，并且具有广阔的发展前景和应用前景。

2. 情感交互

传统的人机交互模式缺乏对人类情感的理解和表达的能力，而情感交互就是要赋予计算机类似于人一样的体会、理解、生成和表达各种情感的能力，使人机交互可以像人与人交互一样自然、亲切。目前，情感交互技术已经充分应用于咨询服务、教学辅助、电子商务等领域的产品中。

3. 脑机交互

脑机交互又称脑机接口，是一种能够检测人类中枢神经系统的活动，并将其转化为人工输出指令，实现大脑与设备之间的信息交换的技术。脑机交互能够有效解决神经功能受损的问题，并帮助人类更全面地理解、认识中枢神经系统。

1.3 人工智能场景下的应用设计方案分析

人工智能学科中的机器学习、计算机视觉、自然语言处理、人机交互等人工智能关键技术往往可以应用在各类人工智能的产品上，以解决实际场景问题。如基于语音交互、文字识别、人脸识别、人体识别、增强现实（Augmented Reality，AR）等多项 AI 技术，能实现更好的人机交互教学体验，可以用更低的师资成本获得高质量的教育效果；还能打造智慧校园，实现校园安全管理、校内考勤、课堂效果监测等关键场景业务的升级，从而提升学生的校园生活体验和安全性，降低管理成本。

下面以智能教育下的试卷评阅场景为例，先进行场景需求分析，接着基于需求推导出可采用的技术解决方案。

1.3.1 场景需求分析

场景需求分析一般是决策者和技术负责人关注的内容，其主要包括分析所开发的人工智能产品用于解决什么问题，该产品应该具备什么功能，使用该产品会取得什么效果等。良好的场景需求分析能够使所设计的人工智能产品更满足用户需求，可提升用户体验。

对于试卷评阅场景，传统的试卷评阅方式是学生填写答题卡，教师依据题目答案对答题卡进行评阅。在这个过程中经常会出现学生填写的答案模糊或卷面涂改过多的现象，从而影响教师阅卷、判断的结果。面对试卷中手写的内容，教师批改起来耗时耗神，容易出现失误。为了及时完成阅卷，有的教师甚至还需要连夜批改厚厚的试卷。为了帮助教师减轻负担、节省时间，需设计一套能够快速阅卷的智能系统。

设计的智能阅卷系统要能有效促进教学管理的数字化和智能化。通过对作业、试卷等内容的扫描及线上存储，对学生日常作业及考试试卷中的内容进行识别，完成学生作业、试卷等内容的自动化录入，为智能阅卷系统提供数据录入基础，以方便进行后续的线上评阅。同时，为提高教师阅卷效率、减少教师阅卷负担，智能阅卷系统应做到对学生作业及试卷中的内容进行自动识别，实现学生作业、试卷的线上评阅，大幅度提高教师的工作效率。

因此在该场景下智能阅卷系统需要对作业、答题卡进行扫描，通过智能识别学生学号、姓名等信息来判断学生身份；识别印刷题目和手写答题内容；识别客观题答案实现电子化阅卷等。

1.3.2 设计方案分析

分析完相应场景下用户对功能和效果的需求后，需要进一步提供实现功能和效果的技术方案和流程。

在试卷评阅场景中，可以通过应用手写识别技术，对经过分割处理的答题卡图像进行扫描，通过智能识别学生学号、姓名等信息来判断学生身份；还可以识别客观题答案实现电子化阅卷，无须投入大量教师资源批改试卷。而实现该功能的过程可分为以下4个步骤。

第1步：使用拍照设备将纸质试卷信息转化为图像信息，并将试卷图像分割为学生个人信息区域及试卷答题区域。

第2步：通过文字识别及数字识别技术，对学生学号、姓名等信息进行采集，并将之与系统中的信息进行比对，从而判断学生身份。学号提取结果如图1-4所示。

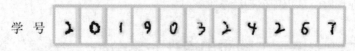

图1-4　学号提取结果

第3步：通过应用手写识别技术，完成对客观题答案内的英文字母的提取和识别，实现电子化阅卷，采集试卷信息的效果如图1-5所示。

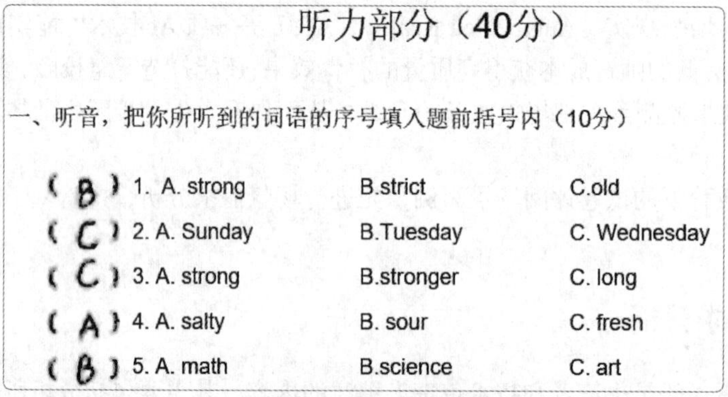

听力部分（40分）

一、听音，把你所听到的词语的序号填入题前括号内（10分）

（B）1. A. strong　　　　B.strict　　　　C.old

（C）2. A. Sunday　　　　B.Tuesday　　　C. Wednesday

（C）3. A. strong　　　　B.stronger　　　C. long

（A）4. A. salty　　　　　B. sour　　　　C. fresh

（B）5. A. math　　　　　B.science　　　C. art

图1-5　采集试卷信息

第4步：自动计算学生分数，并生成学生的个人学科成绩分析报告，包括使用图形来展示学生的学业水平和解答能力，如图1-6所示。

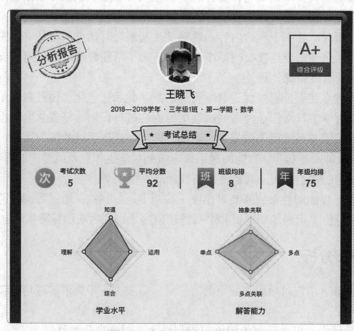

图1-6　个人学科成绩分析报告

人工智能平台应用

项目实施

1.4 实施思路

基于项目描述与知识准备的内容，我们已经了解了人工智能关键技术以及人工智能技术应用场景的分析思路。现在以智能教育下的儿童教学和校园安全保障场景为例，进行场景需求分析，并推导出在该场景需求下可采用的设计方案。本项目实施的步骤如下。

（1）分析儿童教学质量保障场景需求。

（2）分析儿童教学质量保障设计方案。

（3）分析校园安全保障场景需求。

（4）分析校园安全保障设计方案。

1.5 实施步骤

步骤 1：分析儿童教学质量保障场景需求

近年来，儿童教学质量成为社会各界愈发关注的热点问题。目前儿童教学情况普遍存在一些问题：教学管理方式落后，教学质量评估依靠人为感知，缺乏科学的统计手段，且评估追踪周期过长而无法及时调整教学方案。

因此，我们设计的儿童教学质量保障系统需要具备识别儿童个体，以及儿童的听课时间、行为、物体、表情、微动作等的功能，并需将相关信息反馈给学校管理系统，以便综合评估儿童群体在课堂上的专注度，为学校和机构评估教学质量并采用有针对性的改善方法提供精准依据。

步骤 2：分析儿童教学质量保障设计方案

（1）在教室里安装多个摄像头，如图 1-7 所示。

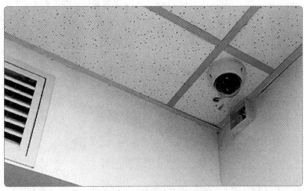

图 1-7　教室摄像头安装

（2）通过综合运用人脸检测、识别以及动作识别和物体识别等技术，对采集的视频流进行抽帧分析，综合显示课堂平均专注度、课堂累计专注度以及单人专注度等指标，如图 1-8 所示。

课堂平均专注度:55.6%
课堂累计专注度:42.7%
单人专注度:74.1%

图1-8 儿童专注度分析

步骤3：分析校园安全保障场景需求

通常校园安全的保障主要依靠门卫人为筛选和安保人员定时定点交替巡逻的方式，存在非本校人员混入、本校人员离岗等安全漏洞。这意味着校园安全事件的随机性较高，且人力成本高、效率低并且安全性差。

步骤4：分析校园安全保障设计方案

（1）罗列功能清单。校园安全所涉及的范围较广，服务对象较多，因此在进行功能设计前，可以罗列设计系统所需要的功能清单，以便进行具体的技术实现方案设计。安全保障系统的功能清单如下。

- 概况：可查看关于学生、教职工等基础统计数据。
- 学生管理：可管理所有学生的信息内容。
- 教职工管理：可管理所有教职工的信息内容。
- 后勤管理：可管理保安、宿管等人员的信息内容。
- 识别查询：可查询所有登记在后台的人员通行门禁时的记录。
- 群体管理:可设置不同的群体类别（比如宿管人员），以便进行不同的人员通行权限的设置。

（2）在教室及园区安装人脸识别闸机，使其覆盖校园各出入口，以应对身份检测，如图1-9所示。

图1-9 人脸识别闸机

（3）人脸信息采集。可以按照所属人员的身份，对采集到的人脸信息分为管理人员、教师、学生等多种权限。管理人员可使用管理后台把所有教师、学生等非管理人员的信息录入，并对其授予通行权限。

（4）刷脸通行。教师、学生等非管理人员可进行人脸录入，当通行时检测到的人脸信息与后台录入的人脸信息一致时，相应人员即可通行。学生与教师通过人脸识别进行身份认证来进出校园，以保障校园安全，如图 1-10 所示。

图 1-10　刷脸通行

 知识拓展

从前面的知识准备内容可以了解到人工智能存在许多定义，这导致很难判断机器是否具备"智能"。面对这种抽象的问题，接下来引入一个更具体、实用的场景进行解释介绍，如规定一个具备可操作性的标准的测试，当机器通过这个测试时，即可认为机器具备"智能"。这种方法常见于驾照考试。实际上很难定义什么是驾驶能力，但可以规定驾照考试规则，当相应人员通过了驾照考试，即可认为具备驾驶能力。而在人工智能领域中，图灵测试是最早被开发出来用于鉴定机器是否智能的测试。

1.6　图灵测试

图灵测试是英国科学家图灵于 1950 年提出的用以判断机器是否有智能的实验，如图 1-11 所示。图灵测试的内容是，假定一个人（代号 A），他使用测试对象都理解的语言去询问两个他不能看见的对象任意问题。其中，询问的对象分别为一位具备正常思维的人（代号 B）和一台机器（代号 C）。如果在持续询问后，A 无法得出实质的依据来分辨 B 与 C 的不同，则 C 通过图灵测试。

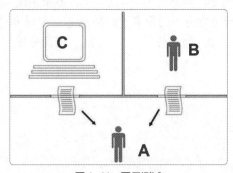

图 1-11　图灵测试

1.7 图灵测试的缺陷

实际上，图灵测试存在缺陷和不足。机器的知识库内容与人类的知识储备内容不完全相同，而实际上机器的快速计算和信息查询能力远强于人类，导致有些问题机器可以很容易回答而人类则答不上来。为了通过图灵测试，许多机器都被迫"削弱"了原本的快速计算和信息查询能力。

而且如今人工智能技术正在飞速发展，其强大的算法逻辑和运算能力早已远超人类。以AlphaGo击败人类顶尖围棋选手为代表的人工智能的重大进展，也难以在"一成不变"的图灵测试中得到体现和认可。而且图灵测试只局限于人类与机器使用文本交流的场合，并未考虑机器使用大量传感器模仿人类的视觉、听觉、触觉来感受外部世界的场合，使得图灵测试的局限性日益凸显。

因此，现在通过图灵测试已不是人工智能研究的重点。目前，人工智能领域需要建立一套能够适用于评估一般类型的智能机器的全新衡量标准，从专用智能走向通用智能。

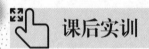

课后实训

（1）以下哪项不属于智能所包括的能力？（　　）【单选题】

    A. 感知能力　　　　B. 记忆与思维能力　　C. 学习与适应能力　　D. 实践与动手能力

（2）"人工智能"这一名词最早是由谁在哪一年提出的？（　　）【单选题】

    A. 由麦卡锡在 1956 年达特茅斯会议上提出

    B. 由图灵在 1936 年提出

    C. 由纽厄尔等人在 1960 年通过心理学试验总结出

    D. 由美国斯坦福大学的费根鲍姆领导的研究小组在 1965 年提出

（3）关于人工智能概念，下列说法正确的是（　　）【多选题】

    A. 人工智能定义为人类智能体的研究

    B. 人工智能是通过机器或软件展现的智能

    C. 人工智能是研究和构建在给定环境下表现良好的智能体程序

    D. 人工智能是为了开发一类计算机使之能够完成通常由人类所能做的事

（4）俗话说："前事不忘，后事之师"，各种带有记忆功能的网络是近年来（　　）研究和实践的一个重要领域。【单选题】

    A. 深度学习　　　　B. 机器学习　　　　C. 专家系统　　　　D. 神经网络

（5）人工智能场景下设计方案分析的角度不包括？（　　）【单选题】

    A. 场景分析　　　　B. 需求分析　　　　C. 资源分析　　　　D. 功能分析

项目2
人工智能产业与应用开发

02

随着互联网和移动互联网的普及，全球网络数据急剧增加，海量数据为人工智能的发展提供了良好的"土壤"。人工智能技术的快速发展，带领着新产业的兴起，有效提升了各领域的智能化水平。

项目目标

（1）了解人工智能产业结构。
（2）了解人工智能产业三层结构的相关产品。
（3）掌握人工智能应用开发的基本流程。
（4）能够根据业务需求，设计人工智能应用开发流程。

项目描述

提起人工智能，很多人都会有一种莫名的距离感。其实，人工智能的普及范围很广，只是很多时候大家没有察觉它的存在罢了。比如人工智能小程序"猜画小歌"，只需要通过简单的几笔，就能识别出玩家画的是什么物品，十分有趣。在很多行业里，都有人工智能技术应用的案例，这些行业的应用与人工智能技术进行了融合，提高了产品生产效率、优化了用户体验。

本项目主要就人工智能的行业应用进行介绍，并基于安全帽佩戴检测项目详细解析人工智能应用开发的基本流程，包括需求分析、数据准备、模型训练和模型应用，为读者掌握人工智能技术的基础应用开发奠定基础。

知识准备

2.1 人工智能产业结构

　　人工智能在具体的生产环境中被使用时能凸显其价值。任何人工智能的算法和工具，都需要融入业务场景和产品体系中进行产品化。而关于人工智能技术的产业结构，从底层技术基础到上层行业应用的结构，整个人工智能产业可以分为基础层、技术层和应用层三层。

　　基础层为技术层提供软硬件支持和数据资源，技术层提供基础框架、算法模型与通用技术，而应用层则涉及人工智能技术与各行业深度融合产生的产品和服务。人工智能的产业结构如图 2-1 所示。

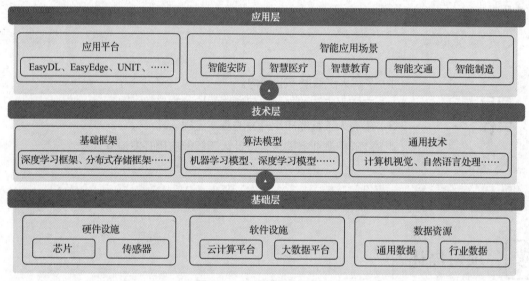

图 2-1　人工智能的产业结构

2.2 人工智能基础层相关产品

　　基础层是人工智能产业的基础，其核心是保障人工智能产品的计算能力（简称算力）。基础层主要涉及硬件设施、软件设施以及数据资源。

2.2.1 硬件设施

　　硬件设施主要包括提供算力支持的芯片及负责数据采集的传感器。

1. 芯片

　　根据技术架构，人工智能芯片可分为通用芯片（CPU、GPU）、半定制化芯片（现场可编程门阵列）、全定制化芯片（专用集成电路）以及适用于人工智能场景的人工智能芯片等类别。

在人工智能芯片领域，由百度公司研发的百度昆仑芯片是我国第一款云端全功能人工智能芯片。如图 2-2 所示的百度昆仑芯片的算力相比于最新的基于现场可编程门阵列（Field Programmable Gate Array，FPGA）的人工智能加速器，提升了近 30 倍。

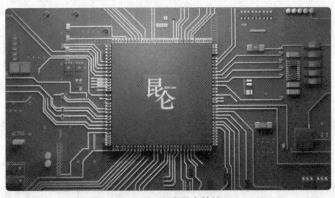

图 2-2　百度昆仑芯片

2. 传感器

传感器是人工智能产业数据的重要来源，传感器通过对外界信号进行采集、处理与转换，最终生成可供分析的数据。随着各类传感器的部署与应用，传感器给人工智能产业提供了海量的高质量数据，使人工智能在不同的领域都有应用场景。

2.2.2　软件设施

软件设施主要包括云计算平台与大数据平台。

1. 云计算平台

云计算平台是指基于硬件资源与软件资源的服务，为人工智能工程提供计算、存储等功能。云计算平台可以划分为 3 类，分别为以数据存储为主的存储型云平台、以数据处理为主的计算型云平台以及计算和存储处理兼顾的综合云计算平台。相比于企业自行购置硬件服务器并配置网络的平台，使用云计算平台的方式来落地实现人工智能工程更加便捷、经济。

2. 大数据平台

当前，人工智能已经进入"数据驱动"的时代，即让机器从大量数据中进行学习，从而产生能解决目标问题的模型。如可以通过对海量数据的学习与训练，挖掘数据的相关性，并最终应用于广告推荐。因此人工智能模型的训练离不开大量数据的支持。大数据平台是指一种通过内容共享、资源共用、渠道共建和数据共通来进行服务的网络平台。如图 2-3 所示，大数据平台提供了数据存储、数据处理、数据计算等功能，为人工智能提供了充足的"养料"。

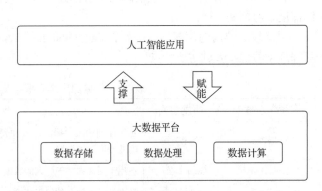

图 2-3　大数据平台

2.2.3 数据资源

数据资源主要包括通用数据与行业数据。

1. 通用数据

通用数据可以从开源数据集平台获取，如 Kaggle 公司提出的数据集平台、百度公司开发的飞桨 AI Studio 数据集平台等，都面向大众开放了众多数据集并支持用户分享数据集。

2. 行业数据

行业数据主要集中在各行业企业的内部系统中，主要用于企业自身产品的开发，大都不对外公布。如图 2-4 所示的百度公司的 BROAD（Baidu Research Open-Access Dataset）项目开放了多个企业级的数据集，如室外场景理解数据集、视频精彩片段数据集、百度阅读理解数据集等。

图 2-4 BROAD 项目

2.3 人工智能技术层相关产品

技术层是连接基础层与应用层的"桥梁"，由基础框架、算法模型以及通用技术组成。

2.3.1 基础框架

在基础框架方面，主要包括深度学习框架、分布式存储框架与分布式计算框架，这里主要介绍深度学习框架。

目前较为热门的深度学习框架有 PaddlePaddle、TensorFlow、PyTorch 等。表 2-1 中列举了常见深度学习框架及其主要特点。

表2-1 常见深度学习框架及其主要特点

深度学习框架	研发机构	特点
PaddlePaddle	百度公司	对于序列输入、稀疏输入和大规模数据模型有着良好的支持。代码简洁、运行高效、可拓展性好
TensorFlow	Google 公司	适用于图像和基于序列的数据。支持众多平台与开发语言，与产品的衔接性好
PyTorch	Facebook 公司	具有灵活、动态的编程环境，支持以快速和灵活的方式构建动态神经网络
Caffe	BVLC	主要适用于图像数据。优势体现在表达性、速度和模块化方面，能够便捷地测试和评估模型性能

其中，百度公司的深度学习框架 PaddlePaddle 是我国自主研发的，是集深度学习训练和预测框架、模型库、开发套件、工具组件和服务平台等为一体的功能完备、全面开源开放的产业级深度学习框架。

2.3.2　算法模型

在人工智能领域中，"算法"一般被用来描述一种有限、确定的并适合计算机程序来实现的规范化方法。这种方法大多和使用的编程语言无关，是这种方法而非计算机程序本身描述了解决问题的步骤。而模型是指对于某个实际问题或客观事物、规律进行抽象后的一种形式化表达方式，在人工智能领域，模型是基于数据、算法所构造出来的。因此可以简单理解在人工智能领域中，算法模型就是基于规范化的方法和有限的数据所构建的一种执行方式。按照学习方法的不同，可以把现主流的算法模型分类为机器学习算法模型与深度学习算法模型。其中机器学习是实现人工智能的一种重要手段，机器学习算法模型可以从样本数据中寻找规律，并利用这些规律对未来数据或无法观测的数据进行预测。而深度学习算法模型可以进行图像、文本、声音等复杂高纬度数据的处理。

2.3.3　通用技术

通用技术主要包括计算机视觉、自然语言处理、知识图谱等。近年来，我国技术人员围绕垂直领域进行重点研发，计算机视觉、语音识别、自然语言处理等领域的技术较为成熟，我国头部企业脱颖而出，竞争优势明显，但在算法理论和开发平台方面的核心技术仍有不足。

2.4　人工智能应用层相关产品

应用层以技术层技术为主导，切入不同场景和应用，提供产品和解决方案，其主要包括应用平台和智能场景应用。

2.4.1　应用平台

应用平台主要集成了关于底层人工智能技术的人工智能应用平台，如百度智能云平台。百度智能云平台以 PaddlePaddle 深度学习框架为核心框架，包括 EasyDL 等数十种工程工具组件和各类主流人工智能开发平台，打通了与人工智能产业应用落地相关的全部流程，构建了我国较为广泛和相对成熟的深度学习工程应用生态。

1. EasyDL：定制化训练和服务平台

EasyDL 是百度推出的 AI 开发平台，可为企业用户和开发者提供高精度人工智能模型定制开发的全流程支持，包括数据标注与管理、模型训练、服务部署等各个环节完善的功能支撑，并与 EasyEdge 无缝对接以实现定制模型的端侧部署。

2. EasyEdge：端计算模型生成平台

EasyEdge 是百度基于 PaddlePaddle 打造的零代码生成高性能端计算模型平台，可为有边缘计算需求的开发者提供自动模型转换、压缩、推理增强和软件开发工具包（Software Development Kit，SDK）打包服务。

3. UNIT：智能对话定制与服务平台

百度公司的 UNIT（Understanding and Interaction Technology）平台搭载先进的对话理解和对话管理技术、引入语音和知识建设功能，为企业和个人开发者轻松定制专业、可控、稳定的对话系统以便提供全方位技术与服务。UNIT 平台的核心技术包括语义理解、阅读理解和对话管理三大部分。

2.4.2　智能应用场景

人工智能产品已广泛应用于诸多垂直领域，产品形式趋向多样。近年来，关注度较高的应用场景主要包括制造、安防、医疗、教育等行业。下面主要介绍制造业中的人工智能技术应用。

目前，人工智能技术与制造业的融合应用场景主要有 3 类，一是产品智能化研发设计，二是智能质检，三是预测性维护。

1. 产品智能化研发设计

产品智能化研发设计软件集成机器学习模块，使软件能够理解设计师的需求并自主提供设计方案。比如，工业产品设计师只需要设置期望的产品尺寸、重量及材料等约束条件，系统便能够自主设计出成百上千种可选方案。

2. 智能质检

智能质检系统可以检测在制品及成品，能准确判别金属、人工树脂、塑胶等材质的产品的各类缺陷。百度大脑的零门槛人工智能开发平台 EasyDL、边缘计算加速卡 EdgeBoard，配以工业相机、工业光源、机械臂等硬件设施，共同组成的软硬件一体化智能质检解决系统，已成功应用于大量制造企业。

3. 预测性维护

预测性维护是指对系统和设备的数据和状态进行监测，提前预测可能出现的故障隐患以避免造成伤害和损失。预测性维护系统能够通过确定数据模型中的有效步骤来有效减少运算时间和资源，并提升系统预测结果的质量和准确率。

2.5　人工智能应用开发的基本流程

在不同的行业应用场景下，人工智能应用的形式各有特点，但纵观整个人工智能应用开发的基本流程，通常可以将其归纳为 4 个步骤：需求分析、数据准备、模型训练和模型应用。

2.5.1　需求分析

在开始人工智能应用的开发之前，首先必须明确 3 个问题，即需求是什么？要解决什么问题？商业目的是什么？然后基于对业务的理解，确定人工智能应用的开发框架和思路。下面介绍一种系统化分析需求的方法——5W1H 分析法。

5W1H 分析法，也称六何分析法，指的是对开发流程中选定的项目、工序或操作等，从对象（What）、原因（Why）、地点（Where）、时间（When）、人员（Who）、方法（How）6 个方面提出问题并进行思考和总结，使得思考深入化、体系化和科学化。表2-2所示为5W1H分析法的分析思路。

表2-2　5W1H分析法的分析思路

	现状如何	为什么	能否改善	该怎么改善
对象（What）	生产什么	为什么生产这种应用	能不能生产其他应用	到底应该生产什么应用
原因（Why）	什么原因	为什么是这种原因	有没有其他原因	应该是什么原因
地点（Where）	在哪里	为什么在那里做	能不能在其他地方做	应该在哪里做
时间（When）	什么时间做	为什么在那个时间做	能不能在其他时间做	应该在什么时间做
人员（Who）	谁来做	为什么是那个人做	能不能有其他人做	应该由谁来做
方法（How）	怎么做	为什么那么做	能不能用其他方法做	应该怎么做

2.5.2　数据准备

数据准备主要是指收集和预处理数据的过程，按照在需求分析中所确定的需求和目的，有目的地收集、整合相关数据，该阶段主要包括以下3个步骤。

1. 数据采集

数据主要分为通用数据和行业数据两类。在采集数据的过程中，主要的原则为尽可能采集与真实业务场景一致的数据，并覆盖可能存在的各种情况，如与拍照角度、光线明暗变化等相关的数据。

2. 数据处理

数据处理的任务就是过滤不符合要求的数据，不符合要求的数据主要包括残缺数据、错误数据、重复数据三大类。残缺数据，即数据不完整，如供应商的名称、客户的区域信息缺失等；错误数据，如数据值错误、数据编码错误、数据格式错误等；重复数据，如数据表中存在的相同的记录。

数据质量是保证数据有效应用的基础，因此在数据处理完成后，需要从数据的完整性、一致性和准确性这3个方面评估数据是否达到预期设定的质量要求。

3. 数据标注

构建像人类一样的人工智能模型需要大量的训练数据，训练数据必须针对特定用例予以适当分类和标注。数据的标注质量会直接影响到模型的质量，因此数据标注在整个流程中是非常重要的。

在开始数据标注之前，需要先确定以下内容。

（1）标注标准

确定好标注标准是保证数据质量的关键一步。要保证有可以参照的标准，一般可以有以下两种方式。

- 设置标注样例、模版，如颜色的标准比色卡。
- 对于模棱两可的数据，设置统一处理方式，如可以弃用或者统一标注。

（2）标注形式

标注形式一般由算法人员制定。比如，要定制一个能够识别问句的文本分类模型，则可以对句子进行0或1的标注，其中，1代表是问句，0代表不是问句。

（3）标注工具

标注形式确定后，就是对标注工具进行选择，可以选择一些公开的标注工具，如智能数据服务平台EasyDL、LabelImg等。

2.5.3　模型训练

数据准备完后，需要进行模型构建和训练。

模型构建指的是基于主流人工智能框架，如 PaddlePaddle、TensorFlow、Caffe、PyTorch 等，开发出业务所需的模型。算法模型的构建是一个需要不断改进、更新的循环过程。在模型的构建过程中，往往伴随着硬件的升级，新模型的设计思路的加入，甚至新业务数据的加入，因此算法只有不断改进才能更好地符合业务需求。

开发者可以在一些人工智能开发平台，如深度学习模型定制平台 EasyDL、全功能人工智能开发平台 BML 等之上，直接选择平台预置的算法模型进行训练。这些平台都预置了图像、文本、语音、视频、结构化数据等方面的高精度模型，支持开发者零门槛、低成本地进行人工智能应用开发。

训练得到模型之后，整个开发过程未结束，为了获得满意的模型，需要反复地调整算法参数、数据集等，不断评估训练所生成的模型。一些常用的模型指标，如准确率、精确率、召回率等，能够对模型效果进行有效评估。

2.5.4　模型应用

得到满意的模型之后，需要将其部署、应用到真实的场景中，结合运行环境因素，进一步确定算法模型是否能够达到需求标准，这是人工智能应用开发流程的最后一步。在模型应用过程中，需要考虑的因素有很多，比如部署终端是移动端还是服务器端、部署环境是中央处理器（Central Processing Unit，CPU）还是图形处理单元（Graphics Processing Unit，GPU）、内存分配情况等。

项目实施

2.6　实施思路

基于项目描述与知识准备内容的学习，我们已经了解了人工智能应用开发的基本流程。现在以安全帽佩戴检测项目为例，详细解析该项目的开发流程。以下是本项目实施的步骤。

（1）分析需求。

（2）准备数据。

（3）训练模型。

（4）应用模型。

2.7　实施步骤

步骤 1：分析需求

在正式开发项目前，必须先对项目的需求进行理解和分析，明确人工智能的开发任务。所以，接下来通过 5W1H 分析法，剖析安全帽佩戴检测项目的需求。

（1）从原因（Why）方面入手，了解开发安全帽佩戴检测项目的现实意义，分析如下。

由于施工现场人员复杂、施工过程危险源多、施工人员的安全意识偏低等，因此施工现场管理中的漏洞通常较多，其中高处坠落和物体打击造成的危害尤为严重。施工人员通过佩戴安全帽，可防护头部，减少坠落物件对头部的伤害。但在真实的生产作业中，经常存在施工人员没有按照规定佩戴安全帽，导致伤亡情况发生的现象。这使得各个企业越来越重视安全生产，采取各种措施来保障员工的生命安全。

用摄像机对施工现场安全帽的佩戴情况进行监控是普遍采用的方法。但是，如果依靠人工对视频帧进行监控，不仅识别准确率低，而且会消耗大量时间和人力成本。

因此，采用一种脱离人工的、高度智能化的、准确率高并且能对安全帽的佩戴情况进行实时监控的应用，是施工现场施工人员的安全和高效施工的重要保障，这也是开发安全帽佩戴检测项目的现实意义。

（2）从对象（What）、地点（Where）和时间（When）方面入手，了解安全帽佩戴检测项目的应用场景，分析如下。

- 因应用场景不同而导致的多场景：施工现场、仓库生产、机房生产等。
- 因检测时间不同而导致的多时段，如白天、傍晚、深夜等。
- 因安全帽使用者不同而导致的多颜色，如白色、蓝色、红色、黄色等。
- 因施工人员不同而导致的多目标类，如男性/女性、正面/侧面/背面、大目标/中目标/小目标等。
- 其他常见的检测干扰因素，如强光照射、局部遮挡等。

（3）从人员（Who）和方法（How）方面入手，了解安全帽佩戴检测项目开发的可行性，分析如下。

安全帽佩戴检测这个问题，可以理解为需要判断施工人员头部区域有没有安全帽。一种做法是先用物体检测模型检测出施工人员区域，然后设计一个小的分类网络来判断该区域内是否存在安全帽。这种做法的优点是对应的数据集、算法模型比较多。但是，通过这种方法标注出的是包含安全帽的较大区域，而不是仅包含安全帽的那块区域，分类效果并不会太好。而且，大多数情况下安全帽虽然出现在施工人员区域内，但可能这时候安全帽并不是处于佩戴状态。

事实上，用户更希望得到的是，能够定位出佩戴安全帽的目标位置并区分佩戴状态。基于以上分析，这里用的方法是注重安全帽的佩戴状态，所以从业务层面来看，需要的数据是佩戴安全帽和未佩戴安全帽的图像，如图 2-5 所示。图 2-5 中标签为 A 的标注框代表的是未佩戴安全帽的目标，标签为 B 的标注框代表的是佩戴安全帽的目标。

图 2-5　安全帽佩戴检测模型效果示例

步骤2：准备数据

通过对安全帽佩戴检测项目进行需求分析，确定业务场景后，需要按照"数据采集—数据处理—数据标注"步骤准备相应的数据集并进行标注。

（1）通过分析对象（What）、地点（Where）和时间（When），可以确定本项目应包含的各种数据，接下来就需要采集对应的数据。数据主要包括两部分，一部分是用户场景的视频录像，这部分数据基于商业因素基本不会开放；另一部分就是网络数据，这部分数据可以使用爬虫爬取网络图像得到，或者通过公开数据集得到。

（2）本项目采用公开数据集，该数据集分为训练集、验证集和测试集。其中，训练集用于训练模型，总共有 4551 张图像。采用二分类方法，将佩戴安全帽的人归为正类，未佩戴安全帽的人归为负类。训练集图像中共包含 5267 个佩戴安全帽的正类，以及 67055 个未佩戴安全帽的负类；验证集用于模型调参，总共有 1516 张图像；测试集用于测试模型效果，总共有 1516 张图像。在项目 4 中会提供该数据集中的部分数据用于模型训练，届时在人工智能交互式在线实训及算法校验系统实验环境的 data 目录下，将其下载至本地即可。数据集所含文件夹如图 2-6 所示。

名称	修改日期	类型
test_img	2021/1/19 11:18	文件夹
train_img	2021/1/19 11:18	文件夹
val_img	2021/1/19 11:18	文件夹

图 2-6　安全帽佩戴检测项目数据集所含文件夹

（3）数据采集完成后，还需要对数据进行处理，包括去除近似图像、模糊图像等，在数据量不够的情况下，还可以通过裁剪、镜像、旋转等方式增强数据。此步骤可以在 EasyData 智能数据服务平台中进行，该平台支持对图像数据、文本数据进行数据管理、数据处理及数据标注。EasyData 智能数据服务平台界面如图 2-7 所示。

图 2-7　EasyData 智能数据服务平台界面

（4）数据处理完成后，即可进行数据标注，通过拉动矩形框，框选目标，单击目标对应的标签，保存即可完成标注，数据标注效果如图 2-8 所示。

图 2-8　数据标注效果

步骤3：训练模型

数据准备与数据标注完成后，即可进行模型构建与训练。

（1）此步骤可在深度学习模型定制平台中进行，如图 2-9 所示，该平台支持构建图像类、文本类、音频类、视频类等模型，其中，图像类支持创建图像分类、物体检测、图像分割 3 类模型。物体检测模型可以检测图中每个物体的位置、名称，适用于需要在图像中识别多个主题或需要识别主体位置及数量的场景，其正好适用于安全帽佩戴检测项目。

图 2-9 深度学习模型定制平台

（2）通过深度学习模型定制平台构建了物体检测模型后，即可调用存储在 EasyData 智能数据服务平台上的数据集进行训练。

（3）在训练之前，可以对模型算法、训练环境、算力等进行可视化的自定义配置，可大幅减少由于线下搭建训练环境、自主编写算法代码造成的相关成本。配置完成即可开始模型训练。

步骤4：应用模型

模型训练完成后，即可进行模型评估、部署与应用，完成人工智能应用开发的最后一步。

（1）训练后的模型在正式集成之前，需要评估模型效果，判断其是否可用，因此可以通过深度学习模型定制平台查看模型评估报告，了解模型的训练效果。

（2）启动校验服务，通过在线可视化的方式上传测试集并测试模型效果。若效果不佳，则可通过增加数据量、修改训练配置等方式再次进行模型训练，经过反复校验最后得到效果优异的模型。

（3）得到能够满足业务需求的模型后，即可将模型部署至生产环境中。传统的方式需要将训练出的模型文件加入工程化的相关处理。深度学习模型定制平台则可以提供多种部署方案，包括公有云部署、本地服务器部署、本地小型设备部署、软硬件一体化部署等，通过应用程序接口（Application Programming Interface，API）或 SDK 进行集成，能够有效应对各种业务场景对模型部署的要求。

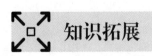
知识拓展

在知识准备的内容中，已经提到了人工智能在制造业中的应用。其实人工智能与医疗相结合的方式也非常多，其可用于诊前、诊中、诊后的全套就医流程。我国医疗人工智能企业聚焦应用场景集中在智能诊疗、智能医学影像、智能健康管理等领域。

1. 智能诊疗

智能诊疗就是将人工智能技术用于辅助诊疗中，让计算机学习专业的医疗知识，模拟医生诊断、推理过程，给出可靠的诊断和治疗方案。智能诊疗是人工智能在医疗领域重要的应用领域。

2. 智能医学影像

智能医学影像是指将人工智能技术应用在医学影像的辅助诊断上。人工智能在医学影像中的应用主要分为图像识别和深度学习两个部分。图像识别的主要目的是通过分析医疗影像来获取有应用价值的信息，而深度学习是不断对神经网络进行训练，从而帮助系统掌握医疗诊断能力。

3. 智能健康管理

智能健康管理是指利用医疗传感器进行个人健康状况检测，目前主要应用在风险识别、精神健康管理、健康干预和基于精准医学的健康管理场景中。

 课后实训

人工智能平台应用

（1）机器学习根据学习模式不包括以下哪种学习模式？（　　　）【单选题】

    A. 监督学习　　　　　　B. 无监督学习　　　　　C. 半监督学习　　　　　D. 弱化学习

（2）计算机视觉的任务不包括以下哪一项？（　　　）【单选题】

    A. 分类　　　　　　　　B. 定位　　　　　　　　C. 检测　　　　　　　　D. 采集

（3）关于人工智能应用开发的基本流程顺序，以下哪项是正确的？（　　　）【单选题】

①数据准备与标注；②分析需求与任务；③模型评估与部署；④模型构建与训练

    A. ①②④③　　　　　　B. ②①④③　　　　　　C. ②①③④　　　　　　D. ①②③④

（4）关于5W1H分析法，以下哪项是错误的？（　　　）【单选题】

    A. 这是一种创造技法　　　　　　　　　　B. 这是一种思考方法

    C. 该方法包含5个方面的思考内容　　　　D. 该方法使得思考体系化和科学化

（5）关于数据处理，以下哪项是错误的？（　　　）【单选题】

    A. 内部数据的收集省时省力，成本较低

    B. 数据的标注质量会直接影响到模型的质量

    C. 要尽可能采集与真实业务场景一致的数据

    D. 可从完整性、一致性和准确性方面评估数据

第2篇
智能数据服务平台应用

通过对第1篇的学习，我们已经基本了解了人工智能的定义及其研究的内容，并探究了机器学习、深度学习、计算机视觉、自然语言处理等概念以及人工智能开发的基本流程。而本篇将介绍基于智能数据服务平台EasyData开展与人工智能相关的实训项目，使读者通过项目实施熟练掌握智能数据服务平台的使用方式，熟悉数据采集、数据清洗、数据标注的相关知识，学会使用平台对人工智能项目的数据进行预处理，便于后续用于模型训练。

项目3
智能数据服务平台入门使用

03

深度学习是目前人工智能的核心技术，深度学习框架更是"智能时代"的"操作系统"，下接芯片、上承各种智能应用，是各项人工智能应用的基础和核心。为了降低人工智能入门门槛，各大人工智能头部企业纷纷开发出简单、易用的人工智能开发平台，并对公众开放。

项目目标

（1）了解智能数据服务平台。
（2）掌握智能数据服务平台的功能。
（3）能够使用账号登录智能数据服务平台。

 项目描述

随着人工智能头部企业平台和生态战略的完善，面向开发者的工程工具和开发平台越来越成熟。其中，EasyData 智能数据服务平台是一个零门槛的人工智能开发平台，具备数据采集、数据清洗、数据标注等数据处理相关功能，它通过工具化、平台化的方式大大降低了深度学习工程应用的使用门槛。本项目主要介绍账号注册并登录智能数据服务平台，以使读者熟悉 EasyData 的使用。

 知识准备

3.1 智能数据服务平台简介

EasyData 是百度大脑推出的智能数据服务平台，面向各行各业有人工智能开发需求的企业用户及开发者提供一站式数据服务工具。该平台主要围绕人工智能开发过程中的数据采集、数据清洗、数据标注等业务需求提供完整的数据服务。目前 EasyData 已经支持图像、文本、音频、视频等 4 类基础数据的处理，也初步支持机器学习数据的存储。同时，EasyData 已与 EasyDL、BML 平台打通，可以将 EasyData 处理的数据应用于 EasyDL 模型训练。图 3-1 所示为 EasyData 智能数据服务平台界面。

图 3-1 EasyData 智能数据服务平台界面

3.2 智能数据服务平台功能

智能数据服务平台主要提供数据采集、数据清洗、数据标注等数据服务功能，下面简要介绍这 3 个功能。

3.2.1 数据采集

EasyData 平台可提供两种数据采集方案：一是通过摄像头采集图像数据；二是通过云服务采集数据，如图 3-2 所示。

1. 通过摄像头采集图像数据

该方案提供本地采集软件，支持定时拍照、视频抽帧（支持自定义抽帧规则）等多种采集方式，并会将图像即时同步到 EasyData 平台进行管理。

该方案具有以下两个优势。

（1）操作便捷：直接对接采集图像数据的摄像头硬件，自动将数据从本地传至云端。

图 3-2 数据采集方案

（2）采集效率高：减少数据中转环节，采集、抽帧、上传一站式解决。

2. 通过云服务采集数据

云服务是一种简单高效、安全可靠、处理能力可弹性伸缩的计算服务。人工智能模型训练后可能需要持续迭代和优化模型效果，通过调用云服务接口（支持 EasyDL、BML 云服务接口）并在 EasyData 开通相关服务，可以实现实际业务数据及识别结果的可视化查看，且能有针对性地选择高质量数据用于模型迭代。

该方案具有以下两个优势。

（1）数据匹配度高：直接对接云服务接口，训练数据与实际业务的匹配度更高。

（2）可挖掘难例：支持通过置信度等多种维度的参数来筛选图像，能挖掘难例，更能有针对性地补充人工智能模型训练数据。

3.2.2　数据清洗

目前，EasyData 平台支持以下 4 种数据清洗策略。

（1）图像去模糊：过滤清晰度较低的图像，保证数据质量，效果如图 3-3 所示。

（2）图像去重：过滤大量重复的图像，提高关键图像处理效率。

（3）图像批量裁剪：批量裁剪图像中的无关元素，提升数据质量。

（4）图像旋转：增加采集图像的角度，增加数据集数量。

图 3-3　图像去模糊效果

在人脸识别的相关项目中，EasyData 平台还可支持以下两种数据清洗策略。

（1）过滤无人脸图像：通过调用人脸检测服务过滤出图像中没有人脸的图像。

（2）过滤无人体图像：通过调用人体检测服务或人像分割服务过滤出图像中没有人体的图像。

3.2.3　数据标注

目前，EasyData 平台支持图像、文本、音频、视频 4 类基础数据的处理，且其预置了关于这 4 类基础数据的简单、易用的标注模板。图 3-4 所示为使用矩形框进行数据标注的示例。

同时，EasyData 平台还支持智能标注、多人标注等方式，能提高标注效率。以下是 EasyData 平台数据标注功能的详细介绍。

1. 预置丰富的标注模板

（1）图像：图像分类、物体检测、图像分割。

（2）文本：文本分类、短文本相似度分析、情感倾向分析、文本实体抽取。

（3）音频：音频分类。

（4）视频：视频分类。

图 3-4　数据标注示例

2. 支持智能标注

智能标注支持人机交互协作标注，最多可降低90%的标注成本。目前智能标注已支持物体检测、图像分割、文本分类等。

3. 支持多人标注

多人标注通过团队协作完成标注任务，可提高标注效率。目前多人标注已支持图像、文本、音频、视频等数据类型。

4. 提供数据标注服务

目前EasyData支持提交数据需求并将其发布至百度众测平台或第三方数据标注服务商两种方式，通过EasyData提交详细的标注需求即可。百度众测平台由百度公司推出，面向全国的数据供应商和需求方，提供数据采集、数据标注等数据服务。

3.3 智能数据服务平台优势

智能数据服务平台全面开放，吸引了众多企业和个人开发者。下面将从4个方面简单介绍该平台的优势，如表3-1所示。

表3-1 智能数据服务平台优势

平台优势	说明
全面、丰富的数据服务	该平台属于全面开放的人工智能数据服务平台，提供数据采集、数据清洗、数据标注一站式服务，并与人工智能开发平台无缝对接，可大幅度提升数据处理效率
高质量的数据加工	提供智能标注、智能数据清洗等一系列数据加工方案，内置高精度算法，可输出高质量数据，有助于人工智能开发模型训练获得更优异的训练效果
完善、安全的数据服务	提供数据加密及隔离存储，提供完善的安全技术方案，以保障数据安全
与人工智能开发紧密衔接	高质量的数据能直接服务于EasyDL、BML，可与模型训练、服务部署等模块组成完整的人工智能解决方案

项目实施

3.4 实施思路

基于项目描述与知识准备的内容，我们已经了解了智能数据服务平台的功能和优势，现在开始介绍如何使用EasyData平台，尝试注册账号，并登录EasyData平台，以使读者熟悉平台的使用。以下是本项目实施的步骤。

（1）注册百度账号。

（2）完成开发者认证。

（3）登录EasyData平台。

3.5 实施步骤

步骤 1：注册百度账号

在使用百度智能数据服务平台之前，需要先注册百度账号。可通过以下步骤注册百度账号，该账号在百度 App、百度贴吧、百度云盘、百度知道等产品中通用。若已有百度账号，则可忽略此步骤。

（1）登录人工智能交互式在线实训及算法校验系统，进入本项目的实验环境，界面如图 3-5 所示。单击"控制台"中"AI 平台实验"的"百度 EasyData"的"启动"按钮，进入 EasyData 平台。

图 3-5 人工智能交互式在线实训及算法校验系统界面

（2）进入登录界面后，单击"立即注册"按钮进入账号注册界面，登录界面如图 3-6 所示。

图 3-6 登录界面

（3）进入账号注册界面后，按照提示填写相关信息，注册界面如图 3-7 所示。

图 3-7 注册界面

- 用户名：设置后不可更改，设置为中 / 英文均可，最多可设置 14 个英文字母或 7 个汉字。
- 手机号：用于登录和找回密码。
- 密码：长度为 8 ~ 14 个字符；至少包含字母、数字或标点符号中的 2 种；不允许有空格、中文。

（4）相关信息填写完成后，单击"获取验证码"按钮，接收手机短信，将验证码输入对应的输入框中。

（5）勾选注册界面下方的"阅读并接受《百度用户协议》及《百度隐私权保护声明》"复选项，单击"注册"按钮即可完成注册。

（6）若在注册或登录过程中遇到问题，可以搜索并进入百度账号系统帮助中心，查看对应的问题及解决方案，如图 3-8 所示。

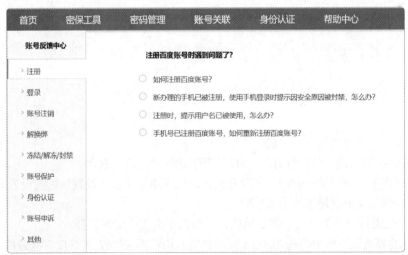

图 3-8　百度账号系统帮助中心界面

（7）若问题依旧无法解决，则可以单击界面右下角的信封图标，通过咨询在线客服或提供意见反馈的方式寻求百度公司技术服务人员的帮助，如图 3-9 所示。

图3-9 寻求百度技术服务人员的帮助

步骤2：完成开发者认证

百度账号注册完成后，再次登录将会进入开发者认证界面，可通过以下步骤填写相关信息完成开发者认证。若已经是百度云用户或百度开发者中心用户，则可忽略此步骤。

（1）按照提示填写相关信息，如图3-10所示。

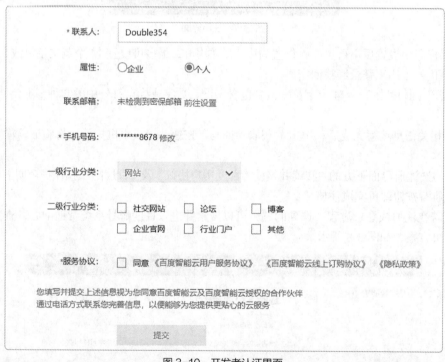

图3-10 开发者认证界面

- 联系人：注册时使用的用户名。
- 属性：根据个人实际情况选择，一般情况下选择"个人"选项。
- 联系邮箱：可用于修改密码。若没有设置，可以单击"前往设置"进入设置界面。
- 手机号码：注册时使用的手机号码。
- 一级/二级行业分类：属于非必填项，可根据个人实际情况选择。

（2）在开发者认证界面中勾选"同意《百度智能云用户服务协议》《百度智能云线上订购协议》《隐私政策》"复选项，单击"提交"按钮即可完成开发者认证。

（3）完成开发者认证后即可进入控制台，在控制台总览界面，可以查看已开通的服务、消费趋势、工单等情况，如图3-11所示。

人工智能平台应用

图 3-11　控制台总览界面

（4）若需要修改开发者认证信息，则可单击控制台总览界面右上角的账号头像图标，在弹出的界面中单击"用户中心"按钮，如图 3-12 所示，即可进入账号信息界面。

（5）在账号信息界面最上方的"基本信息"栏中可查看开发者认证信息，如图 3-13 所示。单击该栏右侧的"编辑"，即可重新选择认证属性及行业分类。

图 3-12　单击账号头像图标弹出的界面

图 3-13　开发者认证信息

步骤 3：登录 EasyData 平台

完成开发者认证后，即可使用百度大脑平台上的各种工程工具和开发平台，包括智能数据服务平台。接下来介绍如何通过以下步骤进入 EasyData 平台，以使读者熟悉该平台的基本操作。

（1）打开浏览器，在搜索框中输入"EasyData 智能数据服务平台"并进行搜索，在搜索结果中找到目标链接，单击链接进入该平台。单击图 3-14 所示的界面中的"立即使用"按钮，即可进入 EasyData 智能数据服务平台。

图 3-14　智能数据服务平台界面

（2）进入 EasyData 平台后，可逐个单击界面左侧导航栏中的选项，浏览对应的界面内容，了解 EasyData 平台的基本功能，导航栏如图 3-15 所示。

33

① 在"我的数据总览"中，可查看 EasyData 平台相关功能的基本介绍，并可通过单击相应链接跳转至对应的操作界面。在操作界面中，可以实现创建数据集的功能，在数据集较多的情况下，还可通过输入数据集的名称或 ID 进行模糊搜索，以便快速定位到数据集。

② 单击"数据标注"中的"标签组管理"，在"标签组管理"标签页中单击"创建标签组"按钮即可创建标签组，如图 3-16 所示。通过管理这些标签组，可对所创建的数据集进行标注。

图 3-15　导航栏

图 3-16　"标签组管理"标签页

③ 单击"数据标注"中的"在线标注"，在"在线标注"标签页中可选择对应的数据集及版本，进行在线标注。

④ 单击"数据标注"中的"智能标注"，在"智能标注"标签页中可查看智能标注的介绍、注意事项、使用流程等，如图 3-17 所示。智能标注功能目前仅支持对图像和文本两类基本数据的处理。

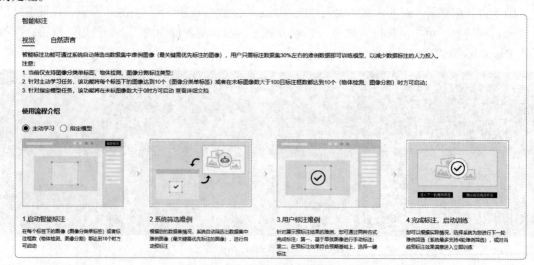

图 3-17　"智能标注"标签页

⑤ 单击"数据标注"中的"多人标注"，在"多人标注"标签页中可查看多人标注的要求、注意事项和使用流程，并可对多人标注任务进行管理，如图 3-18 所示。

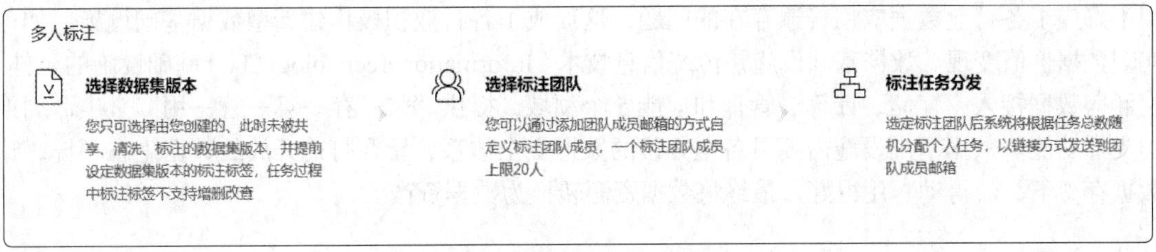

多人标注

选择数据集版本

您只可选择由您创建的、此时未被共享、清洗、标注的数据集版本，并提前设定数据集版本的标注标签，任务过程中标注标签不支持增删改查

选择标注团队

您可以通过添加团队成员邮箱的方式自定义标注团队成员，一个标注团队成员上限20人

标注任务分发

选定标注团队后系统将根据任务总数随机分配个人任务，以链接方式发送到团队成员邮箱

图 3-18 "多人标注"标签页

⑥"寻求标注支持"标签页会提供一站式的数据众包服务，可根据特定领域、特定场景的客户需求，提供定制化的数据获取与加工方案。填写并提交需求表单，即可将数据标注的需求转向第三方数据标注服务商，如图 3-19 所示。

图 3-19 填写需求表单

⑦ 对于"数据采集"，本书暂不介绍。单击"数据清洗"中的"清洗任务管理"，在"清洗任务管理"标签页中可查看清洗任务的要求和注意事项，并创建和管理清洗任务，如图 3-20 所示。

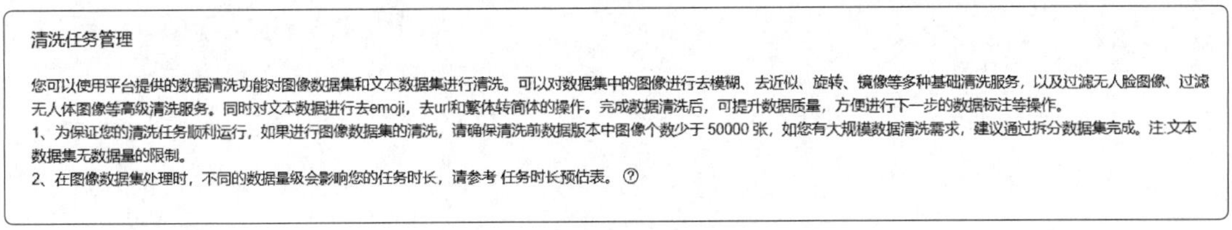

清洗任务管理

您可以使用平台提供的数据清洗功能对图像数据集和文本数据集进行清洗。可以对数据集中的图像进行去模糊、去近似、旋转、镜像等多种基础清洗服务，以及过滤人脸图像、过滤无人体图像等高级清洗服务。同时对文本数据进行去emoji、去url和繁体转简体的操作。完成数据清洗后，可提升数据质量，方便进行下一步的数据标注等操作。

1、为保证您的清洗任务顺利运行，如果进行图像数据集的清洗，请确保清洗前数据版本中图像个数少于 50000 张，如您有大规模数据清洗需求，建议通过拆分数据集完成。注：文本数据集无数据量的限制。

2、在图像数据集处理时，不同的数据量级会影响您的任务时长，请参考 任务时长预估表。⑦

图 3-20 "清洗任务管理"标签页

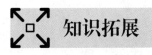

知识拓展

社会已经迎来了继"农业时代""工业时代"之后的"数字经济时代"，如同"农业时代"的土地、劳动力，"工业时代"的技术、资本一样，数据已经成为"数字经济时代"的生产要素，而且是核心的生产要素。数据驱动型创新正在向经济社会、科技研发等各个领域扩展，成为企业创新、发展的关键形式和重要方向。

海量数据蕴含巨大的价值，这给数据服务平台带来了前所未有的挑战，数据存不下、流不动、用不好成了各行业数据应用普遍存在的问题，这促成了各行业积极构建新型数据基础设施，加速实现数据价值变现。数据基础设施是传统信息技术（Information Technology,IT）基础设施的延伸，它涵盖数据接入、存储、计算、管理和使能 5 个领域，提供"采—存—算—管—用"全生命周期的支撑功能。数据基础设施需要具备全方位的数据安全体系，旨在打造开放的数据生态环境，让数据存得下、流得动、用得好，最终将数据资源转换为数据资产。

课后实训

（1）智能数据服务平台不具备以下哪项功能？（   ）【单选题】

A. 数据采集　　　　B. 数据清洗　　　　C. 数据标注　　　　D. 模型训练

（2）智能数据服务平台支持哪些基础数据的处理？（   ）【多选题】

A. 图像　　　　　　B. 文本　　　　　　C. 音频　　　　　　D. 视频

（3）智能数据服务平台不支持以下哪种数据清洗策略？（   ）【单选题】

A. 旋转　　　　　　B. 去重　　　　　　C. 降噪　　　　　　D. 去模糊

（4）智能数据服务平台预置的标注模板不包括以下哪项？（   ）【单选题】

A. 图像分割　　　　B. 视频分类　　　　C. 文字识别　　　　D. 文本实体抽取

（5）关于智能数据服务平台，下列说法错误的是？（   ）【单选题】

A. 大大降低了深度学习工程应用的门槛

B. 提供数据采集、数据清洗、数据标注的一站式服务

C. 没有内置 AI 算法，缺乏数据加密的安全技术

D. 提供智能标注、智能数据清洗等数据加工方案

项目4

智能数据服务平台数据采集

04

在定制模型之前,需要先采集数据。数据是机器学习的基础,丰富的数据是机器学习成功建模的前提。为了方便进行数据管理,可使用一些开源的数据服务平台,如EasyData智能数据服务平台。

项目目标

(1)了解数据的定义。
(2)了解数据的分类。
(3)掌握构建高质量数据集的方式。
(4)能够使用智能数据服务平台进行数据导入。

 项目描述

本项目首先介绍数据的定义和数据的分类,以及高质量数据集的构建方式,接着介绍如何通过EasyData平台,开展安全帽佩戴检测数据集导入的项目实施,以使读者掌握数据准备及数据导入的方式。

 知识准备

4.1 数据的定义

数据(data)作为一种能够对客观事物进行记录并可供鉴别的"符号",既可以指狭义上的数字,又可以指具有一定意义的字母、单词、文字以及数字符号的组合形式,如图形、图像、音频、视频等,同时数据也可以作为客观事物的属性及其相互关系的抽象表示。

例如，"1、2、3……""晴天、阴雨天、气温下降""学校的教师资源、公司的用人情况"等，这些都是数据。而由数据所组成的集合称为数据集（dataset），也可称为资料集、数据集合或资料集合。

在计算机科学与技术中，数据是指一切能够输入计算机，且能被计算机程序所处理的符号的总称。具体地讲，数据是可用于输入计算机，并进行处理的数字、字母、符号和模拟量等。随着计算机能够存储和处理的对象变得越发广泛，数据也随之变得越来越复杂。

4.2 数据的分类

数据能够按照一定的属性或特征进行分类，接下来介绍几种数据分类方式。

4.2.1 按照字段类型分类

按照字段类型，数据可分为文本类数据、数值类数据和时间类数据。

文本类数据常用于描述字段，如个人姓名、家庭住址、文章摘要等。这类数据并非量化值，不可直接用于运算。

数值类数据常用于描述可量化属性或者用于编码操作。比如，班级人数、班费金额以及学习成绩等都属于可量化属性，可直接用于运算，是日常运算指标的核心字段；而成绩排名、座位号之类的则属于编码，表示对多个数值进行有规则的编码，该类数据也可以直接用于运算，但不少编码都只是作为维度数据存在，并无实质性的业务含义。

时间类数据是很重要的维度数据，虽然仅用于说明事件发生的时间，但其在业务分析或统计中起着非常重要的作用。例如，当老师安排课程和对应教室的时候，只有确定好时间类数据，才能保证教室的使用不会冲突。

按照字段类型分类是基本的数据分类方式，这是将数据应用到具体场景中的基础。第一，在设计数据系统时，需要确定每个字段的类型，以便设计数据库结构。第二，在进行数据清洗时，文本类数据往往很难清洗，且大部分没必要清洗，比如评论或备注；而数值类数据和时间类数据则是清洗的重点，其对应的字段在具体的业务上会有明确的取值范围，比如一天的时间必须小于等于 24h。对于不合法的取值，通用做法是用默认值填充。第三，在建立维度模型的时候，通常会选择时间类数据、数值类数据中的编码型字段等作为维度数据，而其中的可量化属性则作为度量数据使用。

4.2.2 按照数据结构分类

按照数据结构，数据可分为结构化数据、非结构化数据和半结构化数据。

首先，结构化数据是指由统一的结构来表示和存储的数据，遵守数据格式与数据长度规范，可以通过关系数据库进行存储和管理。表 4-1 所示为结构化数据的示例。

表4-1　结构化数据的示例

序号	姓名	性别	电话	地址
1	赵一	女	123×××3456	湖北省武汉市
2	李二	男	234×××4567	广东省深圳市
3	张三	男	345×××6789	山东省济南市

非结构化数据则是指无预定义数据模型，数据结构不完整或不规则，不可直接用数据库逻辑来表现的数据，包括日常生活、工作中常见的图像、文本、报表、音频、视频和超文本标记语言（HyperText Markup Language，HTML）文本等。此类数据一般是按照特定格式进行编写，数据量非常大，且不能简单地转换成结构化数据。图 4-1 所示为图像、文本及音频 3 种非结构化数据的示例。

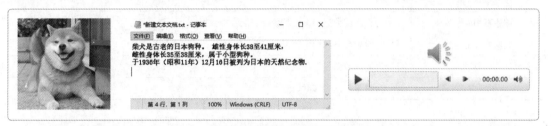

图 4-1 非结构化数据示例

半结构化数据介于结构化数据与非结构化数据之间，它虽然是结构化数据的一种形式，但其并不符合关系数据库的数据模型结构，而是包含相关标记，以相关标记对字段进行分层、分隔语义元素的。因此，半结构化数据也被称为自描述的结构数据。

半结构化数据通常包括可扩展标记语言（Extensible Markup Language，XML）文档、E-mail、日志文件等。图 4-2 所示为半结构化数据的示例。

```
2021-12-07 11:32:14.060  INFO 13844 --- [    main] com.ai.turing.TuringApplication
2021-12-07 11:32:14.063  INFO 13844 --- [    main] com.ai.turing.TuringApplication
2021-12-07 11:32:15.420  INFO 13844 --- [    main] .s.d.r.c.RepositoryConfigurationDelegat
2021-12-07 11:32:15.422  INFO 13844 --- [    main] .s.d.r.c.RepositoryConfigurationDelegat
2021-12-07 11:32:15.474  INFO 13844 --- [    main] .s.d.r.c.RepositoryConfigurationDelegat
2021-12-07 11:32:15.497  INFO 13844 --- [    main] .s.d.r.c.RepositoryConfigurationDelegat
2021-12-07 11:32:15.498  INFO 13844 --- [    main] .s.d.r.c.RepositoryConfigurationDelegat
2021-12-07 11:32:15.537  INFO 13844 --- [    main] .s.d.r.c.RepositoryConfigurationDelegat
2021-12-07 11:32:16.102  INFO 13844 --- [    main] trationDelegate$BeanPostProcessorCh
2021-12-07 11:32:16.168  INFO 13844 --- [    main] trationDelegate$BeanPostProcessorCh
2021-12-07 11:32:16.181  INFO 13844 --- [    main] trationDelegate$BeanPostProcessorCh
2021-12-07 11:32:16.185  INFO 13844 --- [    main] trationDelegate$BeanPostProcessorCh
2021-12-07 11:32:16.191  INFO 13844 --- [    main] trationDelegate$BeanPostProcessorCh
2021-12-07 11:32:16.198  INFO 13844 --- [    main] trationDelegate$BeanPostProcessorCh
2021-12-07 11:32:16.734  INFO 13844 --- [    main] o.s.b.w.embedded.tomcat.TomcatWebS
2021-12-07 11:32:16.771  INFO 13844 --- [    main] o.apache.catalina.core.StandardService
2021-12-07 11:32:16.771  INFO 13844 --- [    main] org.apache.catalina.core.StandardEngin
2021-12-07 11:32:16.875  INFO 13844 --- [    main] o.a.c.c.C.[Tomcat].[localhost].[/]      : In
2021-12-07 11:32:16.876  INFO 13844 --- [    main] o.s.web.context.ContextLoader
2021-12-07 11:32:17.020  INFO 13844 --- [    main] c.a.d.s.b.a.DruidDataSourceAutoConfig
2021-12-07 11:32:17.219  INFO 13844 --- [    main] com.alibaba.druid.pool.DruidDataSour
2021-12-07 11:32:17.982  INFO 13844 --- [    main] o.hibernate.jpa.internal.util.LogHelper
```

图 4-2 以某一应用的日志文件为例的半结构化数据

根据行业认知，当前，结构化数据约仅占全部数据的 20%，其余约 80% 都是以各种形式存在的非结构化数据和半结构化数据，如图 4-3 所示。

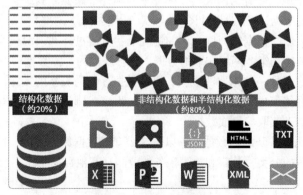

图 4-3 各类数据占比

4.2.3　其他分类

除了上文所述的数据分类，根据应用场景的不同，还衍生出了其他分类，具体如表4-2所示。

表4-2　数据的其他分类

应用场景	分类
描述事物的角度	可分为状态类数据、事件类数据和混合类数据
数据处理的角度	可分为原始数据和衍生数据
数据粒度	可分为明细数据和汇总数据
更新方式	可分为批量数据和实时数据

4.3　构建高质量数据集

下面以图像类任务为例，解释如何构建高质量的数据集，以获取更好的训练结果。

4.3.1　获取足够的数据量

如果数据集过小，训练模型将因为没有足够多的数据，而难以找到其中的特征，若在此基础上训练数据，发生过拟合的概率较大。因此，足够的数据对于模型训练来说是必需的。然而，目前还无法做到明确某一确定算法所需的数据量，因为每个训练项目所涉及的元素是独特且多样的，涉及模型的复杂度、训练方法、标签需求、误差容忍度等，这些复杂多变的因素会导致开发者无法准确预估所需数据集的大小。而使用10倍法则能够帮助开发者快速估算、分析项目的训练数据需求量。

10倍法则是常见的经验法则，指的是模型通常需要超出其自由度10倍的数据量。自由度可以简单地理解为数据集中的列，是影响模型输出的参数，也是数据点的属性。10倍法则的目标是抵消这些组合参数给模型输入带来的变化。该法则对于复杂模型的作用微乎其微，但使用它能够迅速估算数据集的容量，以保证项目持续运行。

获取更多数据的方法有两个，即收集更多的数据和增强数据。

1. 收集更多的数据

一般来讲，数据来源主要分为两大类：内部来源和外部来源。其中，内部来源的数据指的是企业内部真实场景下的数据，如工业设计图纸、年度销售数据等。内部数据的收集往往有赖于人工，其人力、时间成本较大。在数据相似度允许的情况下，可通过外部来源获取更多数据。外部来源的数据包括外部购买的数据集、网络爬取的数据、免费获取的开源数据等。

可以利用网络爬虫爬取一些需要的数据，再将数据存储为表格的形式。网络爬虫又称网络蜘蛛、网络机器人等，网络爬虫是用计算机语言编写的程序或脚本，可爬取互联网上网站服务器的内容，用于自动从网络上获取信息或数据。

另外，也可以使用一些开源的数据集。以下3个开源数据集很常用，这3个数据集对于深度学习网络的发展，通用的分类、分割和检测任务的评测有其他数据集所不可比拟的作用。

（1）MNIST

MNIST是一个用于分类任务的手写数字的开源数据集，数据集来自250个不同人员的手写数字图像，这些人员中，50% 是高中学生，50% 是人口普查相关部门的工作人员。数据为 0 ～ 9 的手写数字图像，图像大小是 28px×28px，训练集包含 60000 个图像，测试集包含 10000 个图像。图 4-4 所示为 MNIST 数据集示例。

（2）CIFAR-10 和 CIFAR-100

MNIST 数据集是入门级的数据集，其缺陷在应用场景下显而易见，所以，将 MNIST 数据集用于评估越来越深的神经网络不太合适，此时需要 CIFAR-10 数据集，该数据集是更加多样的真实的彩色数据集，MNIST 与 CIFAR-10 数据集各自的特征如表 4-3 所示。

图 4-4 MNIST 数据集示例

表4-3 MNIST与CIFAR-10数据集各自的特征

数据集	图像特征	数量特征	统计特征
MNIST 数据集的特征	灰度图像	类别少	非真实数据，无局部统计特性
CIFAR-10 数据集的特征	真实图像	单个主体目标	可辨识、可整理

CIFAR-10 是一个只用于分类的数据集，该数据集共有 60000 个彩色图像，图像大小是 32px×32px，共 10 个类，每类 6000 个图像。其中 50000 个图像组成训练集，每一类包括 5000 个图像。另外 10000 个图像组成测试集，每一类包括 1000 个图像。图 4-5 所示为 CIFAR-10 数据集示例。

可以看出，CIFAR-10 类似于扩充的 MNIST 的彩色增强版，在数据集大小方面，CIFAR-10 略小于 MNIST。

CIFAR-100 数据集则包含 100 个小类，每个小类包含 600 个图像，其中有 500 个训练图像和 100 个测试图像。与 CIFAR-10 不同的是，100 个小类被分为 20 个大类，而每一个大类，又可以细分为子类，所以每个图像带有 1 个小类的"fine"标签和 1 个大类的"coarse"标签。

（3）PASCAL

PASCAL 是一个用于模式分析和统计建模的数据集，包括图像分类、物体检测、图像分割等任务，它是由 PASCAL VOC 挑战赛衍生出的数据集。PASCAL VOC 挑战赛是世界级的计算机视觉挑战赛，很多优秀的计算机视觉模型，如分类、定位、检测、分割、动作识别等，都是基于 PASCAL VOC 挑战赛及其数据集推出的。该数据集中用于分类和检测的训练数据为 11540 个图像，包含 27450 个已被标注的感兴趣的标注对象；用于分割的训练数据为 2913 个图像，包含 6929 个分割对象。图 4-6 所示为 PASCAL 数据集示例。

图 4-5 CIFAR-10 数据集示例

图 4-6 PASCAL 数据集示例

2. 增强数据

通过创建具有微小变化的同一图像的多个副本可以实现增强数据，该方式能以极低的成本生成大量额外的图像。可以尝试裁剪、旋转、平移、模糊或缩放图像，也可以为图像添加噪点、改变颜色或阻挡部分噪声。但是，在上述所有情况下，均需确保数据仍然代表同一个类。如图 4-7 所示，可以通过裁剪、对称、旋转等方式来增强数据，同时，这些图像仍然代表"狗"这个类别。这个方式相对强大，因为堆叠这些效果会使得数据集的数据量呈指数级增长。

图 4-7　增强数据的方式

4.3.2　采集高质量的数据

数据量十分重要，但是若不能保证数据的质量，数据量再多对模型训练也无益。因此，在数据准备过程中，需要确保数据的质量，以下从 3 个方面介绍采集高质量数据的注意事项。

1. 采集与真实世界匹配的数据

当数据集是由与真实世界不匹配的数据组成时，如图像来自完全不同渠道，可能会使模型提取出的数据存在于现实世界中无法使用的特征。因此，需要考虑技术应用的长期性，尝试使用相同的技术查找或构建数据集。图 4-8 所示为公仔玩具等的图像，与现实世界中的"狗"并不匹配，因此需要去除。

2. 规范数据

如果数据没有特定格式，或者其尺寸或者相应数值不在特定范围内，则模型可能无法处理这些数据。为此，可以规范数据，使每个数据都在相同的取值范围内。如图 4-9 所示，可以通过裁剪或拉伸操作，规范图像的长横宽比和像素值，使规范化后的数据具有与其他数据相同的格式。

图 4-8　需去除的与真实世界不匹配的图像数据

图 4-9　规范数据示例

3. 去除糟糕的数据

低质量的数据会导致低质量的模型训练效果。如果数据集中的数据与所需要的数据相差太大，则这些数据可能会引起混乱，会对模型训练效果产生干扰。因此，需要去除糟糕的数据，如图 4-10 所示，图中的 3 个图像均代表"狗"，但模型可能无法使用这些图像数据。

图 4-10 去除糟糕的数据示例

4.3.3 创建高质量的分类

数据采集完成后，需要对数据进行分类，以方便后续进行数据标注，创建高质量的分类的具体方法如下。

1. 选择正确的粒度级别

首先要想好应如何设计分类，每个类为希望模型识别出的一种结果。例如，要识别水果，则可以将 "apple" "pear" 等设计为一类；如果是判断合规性，则可以将 "qualified" "unqualified" 设计为两类，或者将 "qualified" "unqualified1" "unqualified2" 等设计为多类。

2. 创建平衡的分类

如果每类数据的数量不是大致相同的，则该模型可能会出现较低级的错误，即该模型存在偏差，因为类分布是偏态的。因此，需要创建平衡的分类，可以从过度表示的类中删除一些数据，或向表示不足的类中增加数据。如图 4-11 所示，可以补充狗的图像，减少兔子的图像，使得数据集不同的分类更平衡。

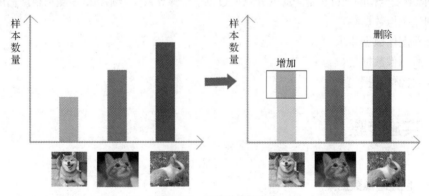

图 4-11 平衡分类的方式

3. 验证数据标签

此外，需要浏览所创建的数据集，并验证每个数据的标签，因为在数据集中使用反例会对学习过程产生不利影响，所以需要花一段时间对每个数据的标签进行验证，以确保标签正确。

4.3.4 拆分数据集

清洗、扩充和正确标记数据集后，需要将数据集拆分为 3 个，包含训练集、验证集、测试集，分别用于模型训练的不同阶段。

（1）训练集用于训练模型。

（2）验证集用于测试模型，以确保模型没有发生过拟合。

（3）选择最优的模型，用测试集进行测试，从而得到模型的准确度。

可按照相应的比例对数据集进行拆分，各数据集的一般占比如表4-4所示。

表4-4　各数据集的一般占比

拆分类型	训练集	验证集	测试集
拆分比例	60%	20%	20%

项目实施

4.4　实施思路

基于项目描述与知识准备内容的学习，读者应该已经了解了数据的定义和分类，以及如何构建高质量的数据集。现在回归 EasyData 平台，介绍在该平台上导入安全帽佩戴检测项目所需的数据集。

安全帽是各行各业安全生产工作者必不可少的安全用具，正确佩戴安全帽不仅可以有效防止安全事故的发生和减轻各种事故的伤害，而且可以保障工作者的生命安全。为了防止出现未戴安全帽导致的安全事故，安全帽佩戴检测成了监督工作者佩戴安全帽的利器。在本教材项目 8 中，将开展识别工作者是否佩戴安全帽的项目实施。此处介绍通过以下步骤导入安全帽佩戴检测项目所需的数据集。

（1）创建图像数据集。

（2）查看图像数据要求。

（3）下载图像数据集。

（4）导入图像数据集。

4.5　实施步骤

步骤 1：创建图像数据集

首先，可以通过以下步骤来创建图像数据集，用于存放安全帽佩戴检测项目所需的数据。

（1）登录人工智能交互式在线实训及算法校验系统，进入本项目的实验环境。单击"控制台"中"AI 平台实验"的百度 EasyData 的"启动"按钮，进入 EasyData 平台。单击"立即使用"按钮进入登录界面，输入账号和密码。

（2）进入 EasyData 数据服务控制台后，单击"创建数据集"按钮，如图 4-12 所示，进入信息填写界面。

（3）按照提示输入个人信息，如图 4-13 所示。在"项目归属"一栏选择"个人"选项，"所属行业"可选择"教育培训"选项，在"联系方式"一栏输入自己的手机号码，以方便了解数据处理的进度。信息填写完后，单击"下一步"按钮，进入数据集信息填写界面。

图 4-12 单击"创建数据集"按钮

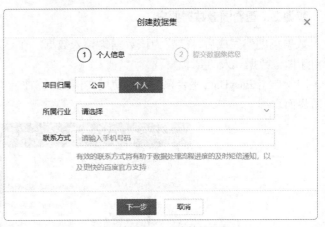

图 4-13 个人信息填写界面

（4）按照提示输入数据集信息，如图 4-14 所示。在本项目中，需要创建安全帽佩戴检测的数据集，因此，在"数据集名称"一栏可输入"安全帽佩戴检测"；在"数据类型"一栏选择"图像"选项；在"标注类型"一栏选择"物体检测"选项；在"标注模板"一栏选择"矩形框标注"选项。信息填写完成后，单击"完成"按钮。

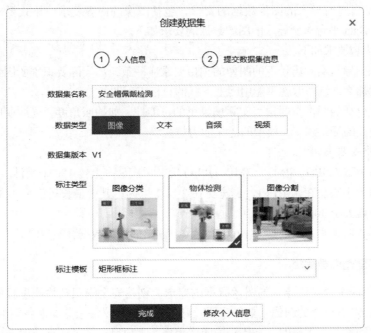

图 4-14 数据集信息填写界面

（5）数据集创建成功后，数据集列表中将显示该模型的数据集信息，包括版本、数据量、标注类型、标注状态、清洗状态、发布状态等，如图 4-15 所示。

图 4-15 数据集列表

步骤2：查看图像数据要求

数据集创建完成后，需要为该数据集导入数据。在导入数据之前，需要先了解 EasyData 平台对于图像数据导入的要求。

（1）单击 EasyData 平台顶部的"使用文档"—"平台介绍"，如图 4-16 所示，进入使用文档查看界面。

图 4-16　单击"使用文档"—"平台介绍"

（2）进入使用文档查看界面后，在其左侧导航栏单击"数据管理"—"图像数据导入"选项，查看 EasyData 平台对所导入的图像数据的要求，包括图像的内容要求、格式要求等。根据使用文档可知，EasyData 平台对所导入的图像数据的要求如下。

- 图像的内容要求如下。
    - 训练图像与实际场景下的图像的拍摄要求应一致，如实际要识别的图像是摄像头俯拍的，那么训练图像就不能用网上下载的目标正面图像。
    - 每个分类的图像需要覆盖实际场景里的可能性，如拍照角度、光线明暗的变化，训练集覆盖的场景越多，模型的泛化能力越强。
- 图像的格式要求如下。
    - 图像类型为 JPG、PNG、BMP、JPEG 等，单次最多上传 100 个文件。
    - 图像大小限制在 4MB 内，长宽比在 3：1 以内，其中最长边需要小于 4096px，最短边需要大于 30px。
    - 单个数据集的大小限制为 10 万个图像，超出的图像数据会被忽略。

步骤3：下载图像数据集

按照 EasyData 平台对所导入的图像数据的要求，创建安全帽佩戴检测项目的数据集，其中每个分类需准备 50 个以上的图像。如果想要较好的效果，建议每个分类准备不少于 100 个图像。为了使读者能快速地获得大量的、高质量的图像数据，本项目提供了现有数据集。

（1）本项目所需数据集保存在人工智能交互式在线实训及算法校验系统实验环境的 data 目录下，将其下载至本地。

（2）下载完后，通过解压工具将其解压到当前文件夹，单击 Unlabeled data 文件夹，可以看到该数据集已包含训练集、测试集和验证集对应的文件夹，如图 4-17 所示。

图 4-17　现有数据集所含的文件夹

（3）本项目需要导入的是训练集，双击打开 train_img 文件夹，其含有 800 个图像数据，这就是需要上传至 EasyData 平台的数据集。此时将该文件夹压缩为 ZIP 文件，便于向 EasyData 平台上传。

步骤 4：导入图像数据集

数据集下载完后，将其中的数据导入步骤 1 中所创建的数据集，可以通过以下步骤实现。

（1）回到 EasyData 平台，找到安全帽佩戴检测数据集，单击数据集列表界面右侧的"导入"，如图 4-18 所示，进入导入数据的设置界面。

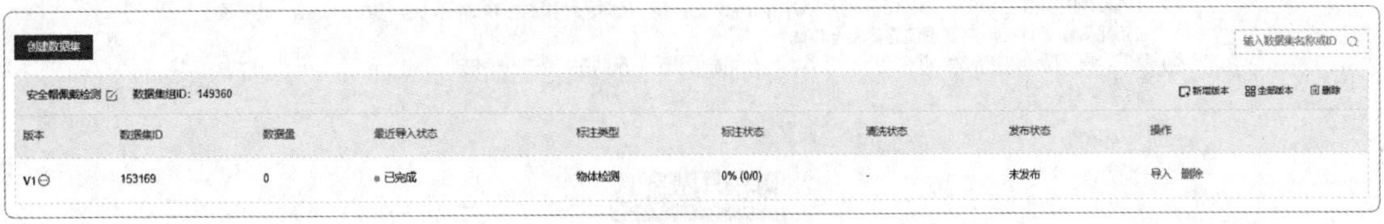

版本	数据集ID	数据量	最近导入状态	标注类型	标注状态	清洗状态	发布状态	操作
V1	153169	0	已完成	物体检测	0% (0/0)	-	未发布	导入 删除

图 4-18 单击"导入"

（2）可以看到该数据集的相关信息，包括版本号、数据总量（该数据集中的数据总量为 0）、标签个数等如图 4-19 所示。在"数据标注状态"一栏选择"无标注信息"选项，在"导入方式"一栏选择"本地导入"-"上传压缩包"选项。

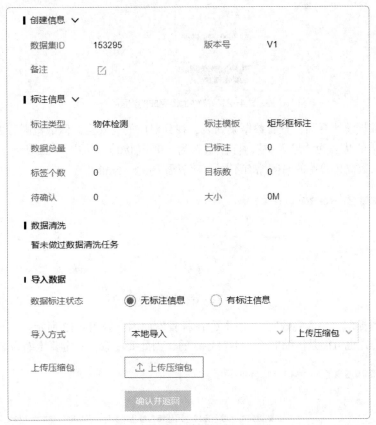

图 4-19 导入数据的设置界面

（3）单击"上传压缩包"按钮，查看上传要求。注意，这里仅支持 ZIP 格式，不支持 RAR、7-ZIP 等格式。单击"已阅读并上传"按钮，压缩包的上传要求如图 4-20 所示。

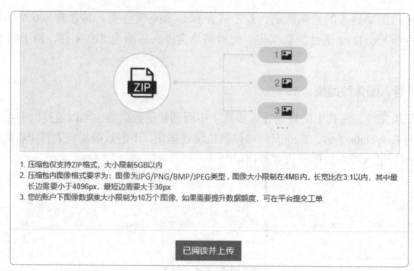

图 4-20　压缩包的上传要求

（4）找到对应的压缩包并上传，文件上传过程中，须保持网络稳定，不可关闭网页。上传完成后，单击"确认并返回"按钮，文件上传完成的界面如图 4-21 所示。

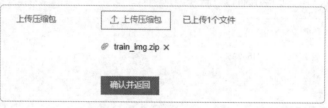

图 4-21　文件上传完成的界面

（5）回到数据总览界面，查看数据集列表，找到对应的"安全帽佩戴检测"数据集。此时可以看到该数据集的状态为"导入中"，标注状态为"0%（0/0）"，如图 4-22 所示。根据数据集的大小不同，导入数据集等待的时间略有不同，一般需要 3 ～ 5min。

图 4-22　等待数据集导入

（6）若看到提示"导入失败"，可单击⑦图标查看原因，如图 4-23 所示。一般都是压缩包解压未成功导致的，也可能是压缩时格式不对导致的，因此要注意，一定要压缩为 ZIP 格式。

图 4-23　查看导入失败的原因

（7）在格式无误的情况下，重新上传，若多次上传均失败，可单击"数据总览"界面右上角的"提交工单"按钮，按照提示填写信息，如图4-24所示，百度智能云工程师将给予回复及相应的解决方案。

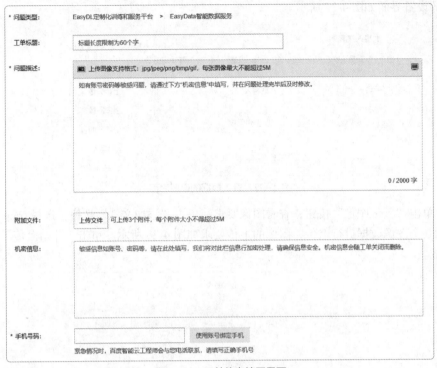

图4-24　工单信息填写界面

（8）数据集上传完成后，可以看到导入状态已更新为"已完成"，标注状态为"0%（0/800）"，即表示原文件夹中的800个图像数据均已上传，如图4-25所示。

安全帽佩戴检测	数据集组ID: 149462				
版本	数据集ID	数据量	最近导入状态	标注类型	标注状态
V1	153295	800	● 已完成	物体检测	0% (0/800)

图4-25　数据上传完成界面

（9）单击该数据集"操作"栏下的"查看与标注"按钮，可查看图像信息，如图4-26所示。

图4-26　查看图像信息

（10）为了避免同一数据集中存在多个内容完全一致的图像，EasyData 平台支持对这些内容完全一致的图像做去重处理。此处可以测试一下。单击右上角的"导入图像"按钮，在"数据标注状态"一栏选择"无标注信息"选项，在"导入方式"一栏选择"本地导入"-"上传图像"选项，导入数据的设置界面如图 4-27 所示。

图 4-27　导入数据的设置界面

（11）单击"上传图像"按钮，查看图像要求，单击"添加文件"按钮，选择 train_img 文件夹中的前 10 个图像数据进行上传，图像的上传要求如图 4-28 所示。单击"开始上传"按钮，等待上传完成。

图 4-28　图像的上传要求

（12）可以看到界面显示"已上传 10 个文件"，如图 4-29 所示，单击"确认并返回"按钮。

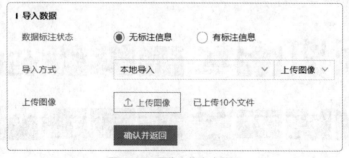

图 4-29　图像上传完成界面

（13）此时可以看到该数据集的导入状态为"导入中"，标注状态为"0%（0/800）"。等待几分钟，并刷新，可以看到导入状态更新为"已完成"，查看标注状态仍为"0%（0/800）"，数据量依旧为800，并未增加10个图像数据，如图4-30所示，说明EasyData平台已对这些相同的图像数据进行了去重处理。至此，安全帽佩戴检测项目的数据集已完成导入。

安全帽佩戴检测 ✎	数据集组ID: 149462				
版本	数据集ID	数据量	最近导入状态	标注类型	标注状态
V1 ☺	153295	800	● 已完成	物体检测	0% (0/800)

图4-30　去重处理后的数据集信息

知识拓展

在前面的学习中，我们已经知道需要将数据集拆分为训练集、测试集和验证集，而对于将这些数据集用于评估模型，可以采用交叉验证法。接下来介绍交叉验证法。

在评估模型对于"新技能"的掌握情况时，需要用新的数据来评估，而不是用训练集里的数据来评估。这种验证方法会采用完全不同的训练集和测试集，因此被称为交叉验证法。交叉验证法主要有3种方法：留出法、留一法以及k折交叉验证。

1. 留出法

按照固定比例将数据集静态地划分为训练集、测试集、验证集，并用测试集来评估模型的测试误差的方式就是留出法。留出法会根据不同的数据划分方式得到不同的模型。

2. 留一法

留一法指的是每次使用的测试集都只有一个数据，要进行多次训练和预测。这个方法用于训练的数据只比整体数据集少了一个数据，因此最接近原始数据的分布。这种方法会使训练复杂度增加，因为模型的数量与原始数据量相同。留一法一般在数据缺乏时使用。

3. k折交叉验证

k折交叉验证是一种动态验证的方法，相对于留出法，这种方法可以降低数据划分带来的影响，具体步骤如下。

（1）将数据集分为训练集和测试集，将测试集放在一边。

（2）将训练集分为k份。

（3）每次使用k份中的1份作为验证集，其他全部作为训练集。

（4）通过k次训练，得到k个不同的模型。

（5）评估k个模型的效果，从中挑选效果最好的超参数；使用最优的超参数，然后将k份数据全部作为训练集重新训练模型，得到最终模型。

k的值一般取10，数据量小的时候，k的值可以设大一点，这样训练集占整体的比例就比较大，同时训练的模型个数会增多。

课后实训

（1）按照字段类型分类，数据可分为（　　　）。【单选题】

A. 原始数据和衍生数据

B. 文本类数据、数值类数据和时间类数据

C. 结构化数据、非结构化数据和半结构化数据

D. 状态类数据、实践类数据和混合类数据

（2）以下哪项不属于非结构化数据？（　　　）【单选题】

A. HTML 文档　　　　B. JSON 文档　　　　C. Word 文档　　　　D. 图像

（3）以下哪项属于半结构化数据？（　　　）【单选题】

A. 视频　　　　　　　B. Excel 表格　　　　C. 文本文档　　　　D. XML 文档

（4）以下公共数据集中，可用于图像分割的是（　　　）。【单选题】

A. MNIST　　　　　　B. CIFAR-10　　　　C. CIFAR-100　　　　D. PASCAL

（5）以下哪项不属于增强数据的处理方式？（　　　）【单选题】

A. 裁剪　　　　　　　B. 平移　　　　　　C. 固定图像长宽比　　D. 模糊

人工智能平台应用

项目5
智能数据服务平台数据清洗

05

在实际的生产、生活应用中，数据一定都是为实际业务内容服务的，因此，只有和实际业务内容有较强相关性的数据集才是有价值的；而不相关的数据集，不管其内容多么丰富，对于当下的工作都是没有任何借鉴意义的。

数据质量会直接影响模型训练的效果。假如数据集本身质量很差，则很难得出有用的结论，甚至可能导致错误的结果。所以，对数据进行清洗是十分重要的操作。

项目目标

（1）了解数据清洗的定义。
（2）了解数据清洗的对象。
（3）了解数据清洗的作用。
（4）掌握数据质量的评估准则。
（5）能够使用智能数据服务平台进行数据清洗。

项目描述

对数据进行数据清洗的目的在于可以节约大量试错时间，因为我们没有必要花费太多精力去研究质量不佳的数据集；数据清洗还可以降低得出错误结论的概率。在数据清洗的过程中，假如能够及时发现数据中存在的错误，就可以及时避免因为数据本身存在的问题而得出错误的结论。本项目将使用 EasyData 平台，介绍安全帽佩戴检测项目的数据清洗应用。

知识准备

5.1 数据清洗的定义

数据清洗，顾名思义，就是把"脏"的数据"洗掉"，是指检查数据的一致性，处理缺失值和无效值等操作。"脏数据"是指错误的或有冲突的数据，因为在现实业务中，数据多是某一主题的数据集合，这些数据可能是从不同业务系统中抽取得到的，也可能包含历史数据，因此难以避免出现相互矛盾的数据、错误数据等情况。而数据清洗则是按照一定的规则把"脏数据"洗掉。

总的来说，数据清洗指的是对数据进行重新检测和校验正确性，以保证能够及时删除重复数据、修正错误数据并保证数据的一致性。

5.2 数据清洗的对象

数据清洗的对象包括残缺数据、错误数据及重复数据，下面对这 3 类数据进行具体介绍。

5.2.1 残缺数据

残缺数据主要指的是一些数据缺失应有的信息，如学生班级、学校名称以及位置等信息缺失。这一类数据需要及时过滤出来，在规定时间内补全缺失的信息，补全后才可写入数据集。

5.2.2 错误数据

错误数据是数据源环境中经常出现的。错误数据的形式包括表 5-1 所示的 7 种形式。

表5-1　错误数据的形式

错误数据的形式	说明
数据值错误	数据值是错误的，具体如超过固定域集、超过极值、拼写错误、属性错误、源错误等
数据类型错误	数据存储类型不符合实际情况，如时间类数据以数值型存储，时间戳存为字符串等
数据编码错误	数据存储编码错误，如将 UTF-8 写成 UTF-80 等
数据格式错误	数据存储格式错误，如半角、全角字符错误及中、英文字符错误等
数据异常错误	如数值数据输成全角数字字符、字符串数据后有一个换行符、日期越界、数据前后有不可见字符等
依赖关系冲突	某些数据字段间依赖关系冲突，如城市与邮政编码应该满足对应关系，但可能存在二者不匹配的问题
多值错误	大多数情况下，每个字段存储的是单个值，但也存在一个字段存储多个值的情况，其中有些可能是不符合实际业务规则的

5.2.3 重复数据

数据表中有时候会存在记录相同的数据，这就是重复数据，针对这类重复数据，取得唯一的记录显然更有意义，因此需要将重复数据中记录的所有字段导出并删除。

排序和合并是判断重复项的常用方法。首先将数据库中的记录按照一定的逻辑进行排序，然后通过比较记录是否相似来检测其是否为重复数据。对于重复数据，需要对业务内容进行反复确认，并进一步整理、提取出规则。另外，在数据清洗时不要轻易删除数据项，尤其不能将具有业务意义的数据过滤掉。

数据清洗是一个反复验证的过程，在这个过程中要不断发现问题并解决问题。特别要注意的是：在数据清洗过程中，对于每个过滤规则要认真进行验证，不能将有用的数据过滤掉。

5.3 数据清洗的作用

在主流的人工智能算法中，机器学习是广泛采用的技术，其主要实现手段是监督学习。所谓监督学习，是指由研发人员使用已知数据集，让人工智能基于标记的输入和输出数据进行学习，从而让机器达到预期目标的一种学习模式。

人工智能通过学习大量的数据来提升相应的能力。理论上来说，人工智能学习的数据越多，机器就会越智能，从而产生优质数据进行再学习，以这种方式来进行自我进化。但这种最优状况是建立在机器学习的数据没有错误的前提下的，假如其中混杂了错误数据，那么学习得出的结果必然也是错误的。更重要的是，机器学习只有在保证数据的一致性和体系化的基础上，才能达到预期效果。假设错误数据造成了整个数据链割裂，那么机器学习过程也将终止，人工智能更无从谈起了。

图 5-1 所示为智能电商个性化推荐示意。在常用的电商系统中，系统预置了大量机器学习算法来进行个性化推荐。如果推送的商品不符合用户的期待，用户体验就会很差，从而影响最终的成交。

这就需要利用机器学习来建立个性化推荐模型，提供多种行为下的商品排序特征。这个场景中的机器学习，既要学习目标用户的数据样本，也要学习综合群体性数据和标签化数据，这是建立在优质的数据基础上进行的综合任务学习。

图 5-1　智能电商个性化推荐示意

电商平台获取的数据，包括用户单击、搜索和收藏商品等行为数据，以及最终购买频次等，这些数据中可能掺杂大量无效数据。如用户搜索关键词中所含的错别字；用户单击后马上退出的错误单击行为；用户购买后却给予差评的商品的操作数据等。如果这些数据被机器学习后成为逻辑依据，并且机器根据错误的逻辑依据给用户推荐商品，结果肯定是不理想的。所以，这就需要把电商数据系统中的残缺数据、重复数据、错误数据删除，以保证机器学习内容的标准化和特征一致化，只有经过清洗后的优质数据才能提供给人工智能模型进行训练。

由此可见，数据清洗在人工智能落地实现中是非常重要的一环。训练所用的数据越多、训练模型越复杂，对数据清洗工作的需求量就越大。

5.4 数据质量的评估准则

应用数据的基础是确保数据质量，评估数据是否达到预期设定的质量要求。下面将对数据质量的评估准则（包括完整性、一致性和准确性 3 个方面）进行具体介绍。

5.4.1 完整性

完整性评估，是指对数据信息是否存在缺失做出判断。在具体应用场景中，数据缺失可能是整个数据记录缺失，或是某个字段信息的记录缺失，这些不完整的数据，会大大降低数据的利用价值。因此，数据的完整性是数据质量的一项基础评估准则。

首先是评估整个数据记录缺失的程度，可以通过对比源数据库以及目标数据库上相应表的数据量来判断数据是否缺失。其次是检测字段信息记录是否缺失，可以通过选择相应字段计算该字段中空值数据占比（空值率）来检测，空值率和数据的完整度成反比关系。

5.4.2 一致性

一致性体现在数据记录是否遵循统一规范，以及数据集是否保持统一格式。不同数据源对于数据的要求和理解不同，直接导致了对于同一数据对象的描述规格不同，因此在清洗过程中需要统一数据规格。

数据字段的规范如表 5-2 所示。

表5-2 数据字段的规范

规范范围	规范要求
名称	同一个数据对象的名称必须一致
类型	同一个数据对象的数据类型必须一致，且表示方法一致
单位	对于数值型字段，单位需要一致。还要注意千、万等单位度量的一致性
格式	在同一类型下，采用不同的表示格式会产生差异。如日期中的长日期、短日期、英文、中文和缩写等格式均不一样
长度	同一字段长度必须一致
小数位数	小数位数对于数值型字段尤为重要，尤其是当数据量较大时会因为小数位的不同而产生巨大偏差
计数方法	对于数值型数据对象等的千分符、科学记数法等的记数方法需要一致
缩写规则	对于常用字段（单位、姓名、日期、月份等）的缩写需要一致，如是将周一表示为 Monday 还是 Mon 或 M
值域	对于离散型和连续型的变量都应该根据业务规则进行统一的值域约束
约束	对于唯一约束、外键约束、主键约束、检查约束、非空约束等规则的统一，如对年龄取值范围的约束

在统一数据规格的过程中，需要注意的一点是要确认不同场景下数据的规格一致性，这需要各个业务部门共同参与、讨论和确认，以明确不同体系数据的统一标准。

一般数据都有标准的编码规则，对于数据记录的一致性检验，只需要验证其是否符合标准的编码规则即可。例如，地区类数据的标准编码格式为"广州"而不是"广州市"，这时只需将相应的唯一值映射到标准的唯一值上就可以了。

5.4.3 准确性

准确性是指对数据记录信息是否存在异常或错误进行评估，数据质量的准确性问题既有可能存在于个别记录，也有可能存在整个数据集。

数据异常需要通过一些数据分析工具，如 Excel、统计分析软件等，进行统计分析、对比以找出错误。如数量级记录的错误，可以使用最大值和最小值的统计量去验证其准确性。

 项目实施

5.5 实施思路

基于项目描述与知识准备的内容，我们已经了解了数据清洗的定义和作用，以及数据质量的

评估准则,现在回归 EasyData 平台,介绍通过以下步骤进行安全帽佩戴检测项目的数据清洗。

(1)创建清洗任务。

(2)查看清洗方式。

(3)通过去近似清洗数据。

(4)通过去模糊清洗数据。

(5)通过镜像增强数据。

5.6 实施步骤

步骤 1:创建清洗任务

在项目 4 中,已经介绍了如何将数据导入数据集,接下来介绍通过以下步骤找到对应的数据集并创建清洗任务。

(1)登录人工智能交互式在线实训及算法校验系统,进入本项目的实验环境。单击"控制台"中"AI 平台实验"的百度 EasyData 的"启动"按钮,进入 EasyData 平台。单击"立即使用"按钮进入登录界面,输入账号和密码。

(2)进入 EasyData 数据服务控制台后,在"数据总览"界面的数据列表中找到安全帽佩戴检测数据集,在其右侧的"操作"栏下单击"清洗",进入创建清洗任务的信息填写界面,如图 5-2 所示。

(3)接着进行去近似清洗任务设置,在"清洗方式"一栏选择"图像数据清洗"选项,在"清洗后"一栏选择"安全帽佩戴检测"选项,再选择"+新建版本",此处会将版本号顺延为 V2,如图 5-3 所示。此处新建版本是为了保留原先的 V1,项目后期需要用到该版本时则可以直接选择该版本对应的版本号,无须重新导入。

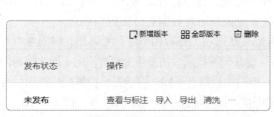

图 5-2 单击"清洗"

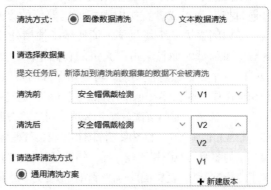

图 5-3 去近似清洗任务设置

(4)清洗前数据版本中图像需少于 50000 个,如有大规模数据清洗的需求,可通过拆分数据集完成。本项目中的图像为 800 个,因此不需要拆分数据集,可直接进行清洗。

步骤 2:查看清洗方式

在对数据进行处理前,可以先通过以下步骤来了解智能数据服务平台的数据处理功能。

(1)在"请选择清洗方式"一栏选择"通用清洗方案"选项,如图 5-4 所示,"高级清洗方案"选项仅应用于人脸检测相关的项目。

57

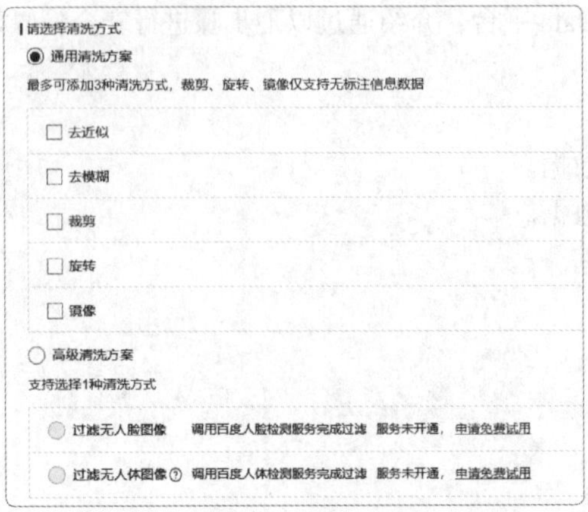

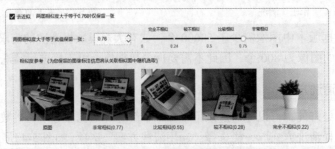

图5-4　选择"通用清洗方案"选项

（2）通用清洗方案下最多可添加3种清洗方式，其中裁剪、旋转、镜像仅支持无标注信息数据，进行裁剪、旋转、镜像后，图像中需标注的物体的位置可能会发生变化，这将导致标注不准确。因此，这3种方式仅支持无标注信息的数据。这3种方式可用于增强数据，当数据量不足时，可通过这3种方式增加数据量。

（3）在进行图像数据集处理时，不同的数据量级会影响清洗任务的时长，具体时长可参考表5-3。

表5-3　任务时长预估对照

图像数据的数量/个	0～1000	1000～5000	5000～10000	＞10000
预计耗时/min	5～40	40～90	90～180	＞180

步骤3：通过去近似清洗数据

去近似指的是选取对应的相似度取值后，数据集中只会保存一张相似度高于此值的图像。可以通过拖曳圆点或者直接输入相似度数值的方式设置相似度。用摄像头自动采集图像的时候，由于长时间在同一个场景下，即使做了抽帧处理，还是会有大量的相似图像。大量的相似图像的数据价值低，而且会占用大量的存储空间，而人工筛选相似图像耗时费力，容易出错。通过EasyData平台的去近似功能，可利用图像的相似检索特征，计算图像的两两相关性，从而自动判断相似图像，保留不相似的图像。接下来，通过以下步骤介绍对数据进行去近似处理。

（1）选择"通用清洗方案"选项，勾选"去近似"复选项，查看相似度参考可知。根据参考可知，非常相似（0.77）的图像与原图相比较，其差异可能在于缩放或者拍摄角度略有不同；而比较相似（0.55）的图像与原图相比较，标识物是相对类似的，但是场景略有不同。由于安全帽佩戴检测项目可应用的场景较为广泛，因此可以保留相似度为0.55的图像。这里设置相似度为0.76，如图5-5所示。

图5-5　设置相似度

（2）为了更好地查看数据清洗的效果，这里一次只选择一种清洗方式。如果需要尽快完成清洗任务，则可以一次选择 3 种清洗方式。选择好相似度后，单击界面下方的"提交"按钮，如图 5-6 所示。

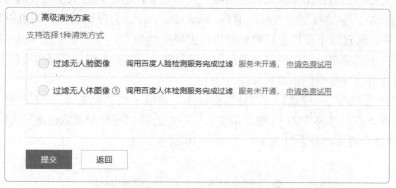

图 5-6　单击"提交"按钮提交清洗任务

（3）此时，平台会弹出对话框，提示本次清洗任务的预计耗时，如图 5-7 所示。

图 5-7　清洗任务预计耗时提示

（4）单击"知道了"按钮后，会进入清洗任务管理界面，在该界面中，可以对该清洗任务进行相关操作，如图 5-8 所示。若清洗任务设置有误，可以单击"终止任务"按钮，即可在"清洗状态"中看到状态更新为了"已终止"。

图 5-8　清洗任务管理界面

（5）清洗完成后，在清洗任务管理界面单击"查看任务详情"按钮即可查看详情，包括开始时间、完成时间、提交数据量、清洗方式和清洗结果等信息，如图 5-9 所示。从中可以看到，通过去近似处理，该数据集目前的数据量为 758，清洗了约 50 张图像。

图 5-9　去近似清洗任务详情

步骤4：通过去模糊清洗数据

去模糊指的是选取对应的清晰度取值，数据集只会保存清晰度高于此值的图像。相机抖动、物体快速移动等都会造成拍出来的图像不清晰，产生低质图像。通过人工筛选的方法删除模糊图像缺乏统一的标准，容易漏删或多删。通过 EasyData 平台的去模糊功能，即可以轻易地删除模糊图像。接下来，通过以下步骤介绍对数据进行去模糊处理。

（1）回到数据总览界面，找到安全帽佩戴检测数据集，在其右侧的"操作"栏下单击"清洗"按钮，进入创建清洗任务的信息填写界面。

（2）在"清洗方式"一栏选择"图像数据清洗"选项；在"清洗前"一栏选择"安全帽佩戴检测"选项，选择版本号为"V2"；在"清洗后"一栏选择"安全帽佩戴检测"选项，再选择"+新建版本"，此处会将版本号顺延为 V3，如图 5-10 所示。

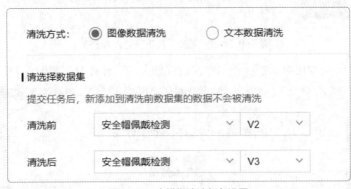

图 5-10　去模糊清洗任务设置

（3）在"请选择清洗方式"一栏选择"通用清洗方案"选项，勾选"去模糊"复选项。根据清晰度参考示例，可以通过拖曳圆点或者直接输入清晰度数值的方式设置清晰度，此处可以设置清晰度为 50，如图 5-11 所示。

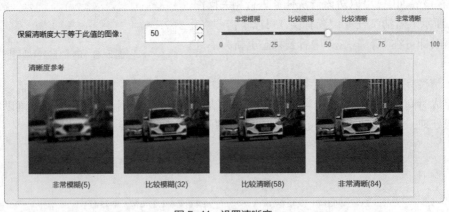

图 5-11　设置清晰度

（4）确定清晰度之后，单击界面下方的"提交"按钮，此时，平台会弹出对话框，提示本次清洗任务的预计耗时。

（5）当清洗状态更新为"已完成"时即表示清洗任务完成，可以看到这个数据集的数据量为735，相对于数据集 V2 而言，去掉了 20 多个图像，说明该数据集的图像数据是相对清晰的，不存在大量的模糊图像，如图 5-12 所示。如果发现有部分模糊图像没有去除，或者高质量的图像没有保留下来，可以考虑调整清晰度的值，以进行重新清洗。

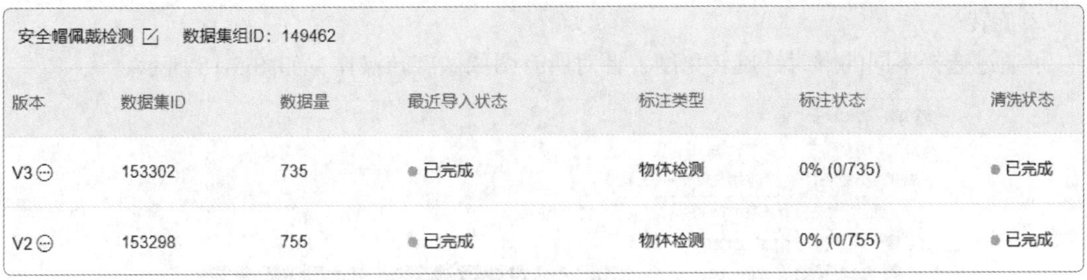

版本	数据集ID	数据量	最近导入状态	标注类型	标注状态	清洗状态
V3 ☺	153302	735	● 已完成	物体检测	0% (0/735)	● 已完成
V2 ☺	153298	755	● 已完成	物体检测	0% (0/755)	● 已完成

图 5-12　去模糊清洗效果

步骤 5：通过镜像增强数据

EasyData 除了可以进行数据清洗外，还可以通过裁剪、旋转和镜像来扩充数据。接下来，就通过以下步骤介绍如何对数据进行扩充。

（1）回到数据总览界面，找到安全帽佩戴检测数据集，在其右侧的"操作"栏下单击"清洗"按钮，进入创建清洗任务的信息填写界面。

（2）在"清洗方式"一栏选择"图像数据清洗"选项；在"清洗前"一栏选择"安全帽佩戴检测"选项，选择版本号为"V3"；在"清洗后"一栏选择"安全帽佩戴检测"选项，再选择"+ 新建版本"，此处会将版本号顺延为 V4，如图 5-13 所示。

图 5-13　去模糊清洗任务设置

（3）在"请选择清洗方式"一栏选择"通用清洗方案"选项，了解裁剪、旋转和镜像 3 种增强数据的方式，并勾选"镜像"复选项。此处也可以根据个人需求，选择其他增强数据的方式进行测试具体如下。

① 裁剪

如图 5-14 所示，通过拖曳裁剪框边缘各点调节框的大小，最终针对所有图像只保留框中选出的区域。随机裁剪可以建立每个因子特征与相应类别的权重关系，减弱背景（或噪声）因子的权重，且能使模型面对缺失值不敏感，也就可以产生更好的学习效果，增强模型的稳定性。

图 5-14　裁剪操作示意

② 旋转

可通过选择不同的顺时针旋转角度，针对所有图像做旋转操作，如图 5-15 所示。

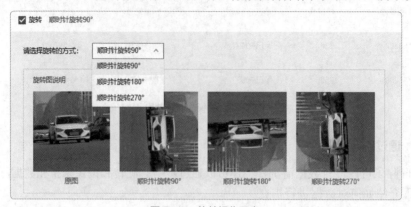

图 5-15　旋转操作示意

③ 镜像

水平镜像是指将图像的上下两部分以图像的水平中轴线为中心进行镜像变换；垂直镜像是指将图像的左右两部分以图像的垂直中轴线为中心进行镜像变换；中心镜像是指将图像以图像的水平中轴线和垂直中轴线的交点为中心进行镜像变换，相当于将图像先进行水平镜像、后进行垂直镜像。如图 5-16 所示，根据示例中的参考图像，通过选择不同的镜像方式，最终针对所有图像做对应的镜像操作。这里可以在"请选择镜像的方式"一栏选择"水平镜像"选项。

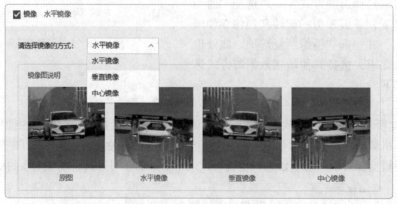

图 5-16　水平镜像操作示意

（4）在确定具体的清洗方式之后，单击界面下方的"提交"按钮，此时平台会弹出对话框，提示本次清洗任务的预计耗时。等待清洗任务完成后，在清洗任务管理界面单击"查看任务详情"按钮即可查看详情，可以看到本次清洗的结果是已保存 734 张清洗后的图像，如图 5-17 所示。该数据量与处理前的数据集 V3 中的数据量相比少了 1，这是因为在清洗任务中，可能会有少量的数据丢失的情况出现。

版本	数据集ID	数据量	最近导入状态	标注类型
V4 ⊙	153306	734	● 已完成	物体检测
V3 ⊙	153302	735	● 已完成	物体检测

图 5-17　水平镜像清洗效果

（5）单击"V4"，查看其中的图像数据，可发现数据集中仅保留了水平镜像处理后的数据，如图 5-18 所示。此时可以新建一个版本，将水平镜像处理前的数据集导入水平镜像处理后的数据集，增加数据量，以达到增强数据集的目的。

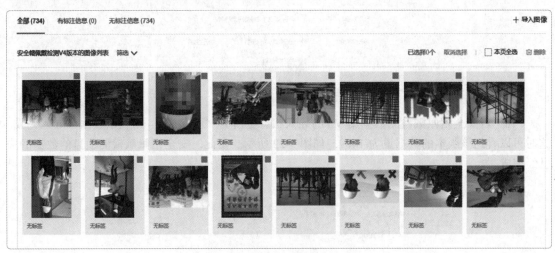

图 5-18　水平镜像处理后的数据

（6）回到数据总览界面，单击安全帽佩戴检测数据集右上方的"新增版本"按钮，如图 5-19 所示。

（7）可以在图 5-20 所示的新增数据集版本信息填写界面的"备注信息"一栏输入本版本主要做出的修改，如添加数据、更换标注方式等，备注信息内容需在 50 个字符之内。这里可以输入"添加水平镜像前的数据"。设置"继承历史版本"一栏为"ON"状态，该状态开启后，则支持在选择的历史版本的基础上对数据做进一步修改。在"历史版本"一栏选择版本号为"V4"。设置完成后，单击"完成"按钮。

图 5-19　单击"新增版本"按钮　　　　图 5-20　新增数据集版本信息填写界面

（8）找到安全帽佩戴检测数据集 V5，在其右侧的"操作"栏下单击"导入"按钮。

（9）在"导入方式"一栏选择"平台已有数据集"选项，在"选择数据集"一栏选择"【矩形框标注】安全帽佩戴检测 V3"选项，在"导入该数据集"一栏选择"全部数据（不带标注）"选项，设置完成后，单击"确认并返回"按钮，如图 5-21 所示。

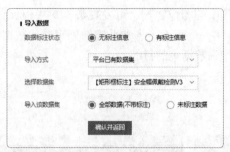

图 5-21　导入数据设置界面

（10）若安全帽佩戴检测数据集 V5 的导入状态更新为"已完成"，则表示数据已导入完成。这时可以看到该版本的数据量为 1469，如图 5-22 所示。至此，安全帽佩戴检测项目的数据清洗已经完成。

图 5-22　完成数据清洗后的数据集列表

知识拓展

我们已经了解了数据质量会对模型训练效果产生重要影响，那么如何对数据质量进行评估呢？接下来就具体介绍数据质量评估方法。数据质量评估方法，即采用何种方式对数据质量进行评估，如何评定和刻画质量水平。数据质量评估方法主要分为定性法和定量法，以及将两者结合起来的综合评价法。定性法主要依靠评判者的主观判断。定量法则提供了系统、客观的数量分析方法，结果较为直观、具体。定性法、定量法以及综合评价法的具体介绍如表 5-4 所示。

表5-4　数据质量评估方法

数据质量评估方法	说明
定性法	定性法是基于一定的评估准则及要求，根据评估目的和用户需求，对数据资源做出描述和定性评估。定性评估标准因业务领域、具体任务和业务水平等的差异而不同，无法强求一致。但应用定性法的人员，需要对领域背景有较深的了解，一般应由领域专家或专业人员完成定性评价。定性法一般包括用户反馈法、专家评议法及第三方评测法等
定量法	定量法是指按照数量分析的方法，从客观的量化角度对数据资源进行的评估与描述。定量法一般包括内容评分法及统计分析法等
综合评价法	综合评价法将定性法和定量法两种方法结合起来，从两种角度出发对数据资源质量进行综合评价。常见的综合评价法包括缺陷扣分法及层次分析法等

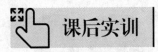
课后实训

（1）数据清洗的对象主要包括（　　）。【单选题】

    A. 残缺数据　　　　　B. 错误数据　　　　C. 重复数据　　　　D. 以上都对

（2）数据错误的形式不包括（　　）。【单选题】

    A. 数据值错误　　　B. 数据编码错误　　C. 数据格式错误　　D. 数据信息缺失

（3）以下哪种属于残缺数据？（　　）【单选题】

    A. 将万写成十万

    B. 手机号码少于11位

    C. 将编码UTF-8写成UTF-80

    D. 统计地域分布情况时缺失安徽省的数据

（4）数据质量的评估准则主要包括（　　）。【单选题】

    A. 完整性　　　　　B. 一致性　　　　　C. 准确性　　　　　D. 以上都对

（5）基于（　　）准则，需对乱码数据进行处理。【单选题】

    A. 完整性　　　　　B. 一致性　　　　　C. 准确性　　　　　D. 以上都不对

项目6
智能数据服务平台图像标注

06

在基于深度学习的应用开发过程中，图像数据的数量和质量对最终模型效果的影响非常大。因此，除了要确保有足够数量的图像数据，还要保证图像标注的质量。

项目目标

（1）了解图像标注的定义。
（2）熟悉常见的图像标注方式。
（3）掌握图像标注的流程。
（4）掌握图像标注的通用规则。
（5）能够使用智能数据平台进行图像标注。

项目描述

算力和数据是影响深度学习应用效果的两个关键因素，在算力满足要求的情况下，为了达到更好的效果，需要提供海量且高质量的数据给神经网络，以训练出高精度的网络模型。在算力满足要求的前提下，模型效果会随着数据优质程度的提升而变好，理论上没有上限。

本项目将使用 EasyData 平台，介绍通过 2D 边界框标注进行安全帽佩戴检测项目的图像标注应用，使读者掌握图像标注的流程和通用规则。

知识准备

6.1 图像标注的定义

图像标注指的是将标签添加到图像上，既可以在整个图像上仅使用一个标签，也可以在某个图像内的各组像素中配上多个标签，其标注的方法取决于实际项目所使用的图像标注类型。

图像标注在许多应用领域中至关重要，主要应用于计算机视觉、机器人视觉、面部识别以及依赖机器学习来解释图像的解决方案。要训练这些解决方案，必须以标识符、标题或关键字的形式为图像分配元数据。元数据指的是描述数据的数据，如图像的名称、图像的大小、图像的标记等。从自动驾驶车辆使用的计算机视觉系统、挑选并对产品进行排序的机器，到自动识别医疗状况的医疗应用程序，许多用例都需要使用大量带标注的图像。有效地训练这些系统，可以提高图像标注的精度和准确性。图 6-1 所示为图像标注示例。

图 6-1　图像标注示例

6.2　常见的图像标注方式

图像标注的应用场景很广泛，下面将介绍 6 种常见的图像标注方式及其相关应用。

6.2.1　2D 边界框标注

2D 边界框标注，即矩形框标注，是指为图像中的某些对象绘制矩形框，典型的应用场景是车辆自动驾驶的研发，标注人员需要从捕获到的交通图像内识别车辆和行人等实体，并在其周围绘制矩形框。开发人员通过为机器学习模型提供带有边界框标注的图像，协助正在自动驾驶的车辆实时区分出各类实体，并避免发生触碰。

2D 边界框标注是简单的图像标注类型。实践证明，利用大量的矩形框标注数据可以训练出识别效果较好的模型。如果能够获取大量的原始数据集，那么建议在开展项目的初期采用矩形框进行标注。图 6-2 所示为 2D 边界框标注示例。

图 6-2　2D 边界框标注示例

6.2.2　3D 长方体标注

3D 长方体标注类似于 2D 边界框标注，是指以立体识别的方式从图像中识别出对象并在其周围绘制边框。与 2D 边界框标注不同的是，3D 长方体标注会标注对象的长度、宽度和近似高度。

使用 3D 长方体标注时，标注人员可以绘制一个长方体，将锚点放置在对象各面的边缘上，并将识别对象封装起来。图 6-3 所示为 3D 长方体标注示例。

图 6-3　3D 长方体标注示例

6.2.3　多边形标注

多边形标注指的是为图像中的某些对象绘制自定义形状的标注框，可以应用在标注对象无法被 2D 边界框标注或 3D 长方体标注很好地适配的情况下，如交通图像的汽车轮廓或地标性建筑物的标注。多边形标注较为精确，避免了大量白色空间或额外噪声导致的视觉模型偏差。另外，多边形标注工作量会更大。

在使用多边形标注时，可以在标注对象的外边缘放置锚点，由点成线，并在此基础上使用预定义的实体类别对该标注区域内的对象进行标注。

典型的多边形标注应用场景包括机器人抓取、医学影像识别、卫星图像识别等。图 6-4 所示为多边形标注示例。

图 6-4　多边形标注示例

6.2.4 关键点标注

关键点标注指的是在图像规定的位置标注关键点，通常用于面部识别模型或姿势识别模型以及统计模型等。

面部识别模型和姿势识别模型可借助关键点标注理解各个关键点在运动过程中的移动轨迹，并做出相应的判断。另外，统计模型则可借助关键点标注表示特定场景内目标对象的密度，如商场人流量统计模型。图6-5所示为关键点标注示例。

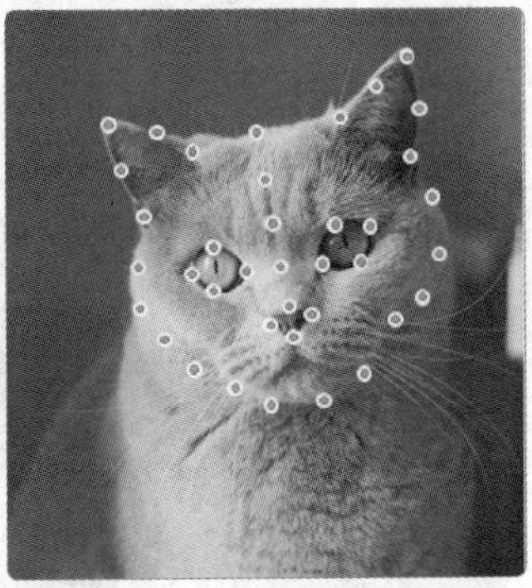

图6-5　关键点标注示例

6.2.5 折线标注

折线标注是一种能够精确表示线性对象位置的标注方式，不包含过多的噪声和空白，是介于多边形标注与关键点标注之间的一种标注方式。

尽管折线标注的用途多种多样，但其目前主要还是用于训练自动驾驶系统，以使驾驶系统识别车行道及其边界。通过折线标注标注出车行道和人行道得到相关数据，这些数据能够用于训练自动驾驶系统。自动驾驶系统会了解车所处的边界，并使车保持在某条车行道内，以避免压线或转向行驶。图6-6所示为折线标注示例。此外，折线标注可用于训练仓库里的机器人，让机器人能够将箱子整齐地摆放，或是将物品准确放置到传送带上。

图6-6　折线标注示例

6.2.6 语义分割

语义分割是指将标签或类别与图像的每个像素关联的深度学习算法，其需要对图像中的所有区域进行标注，是目前图像标注领域高度精准的标注方式。其特点是标注时间长以及标注准确度高，与采用其他标注方式的模型训练相比，采用语义分割的模型训练通常仅需少量图像即可实现精准识别。

语义分割的标注方式绘制精细，对于许多计算机视觉模型来说，数据标注得越精细，训练效果越好；另外，如果没有大量的原始数据，语义分割也能极大程度地利用好有限的数据。图6-7所示为语义分割示例。

图6-7　语义分割示例

在具体的实际场景中，自动驾驶的训练数据需要按照道路、建筑物、树木、骑车人、行人、人行道以及车辆等类别，对图像中的所有内容进行分类分割。

语义分割的另一个常见应用场景是医学成像。语义分割可针对病患影像照片，从解剖学角度对不同的身体部位标注上正确的名称标签。因此，语义分割可以被用于处理 CT（Computed Tomography，计算机断层扫描术）图像中标注脑部病变区之类的难度较大的特殊任务。图 6-8 所示为语义分割在医学成像中的应用示例。

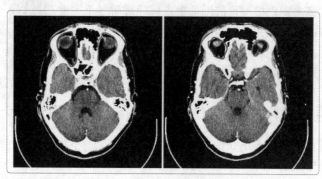

图6-8　语义分割在医学成像中的应用示例

6.3　图像标注流程

图像标注流程是指计算机根据图像自动生成相对应的描述文字的过程，图像标注流程分为以下 6 步，如图 6-9 所示。

（1）确定标注规则。

（2）试标注。

（3）标注检查。

（4）模型训练。

（5）预标注。

（6）补充标注。

图6-9　图像标注流程

接下来将基于规范工地作业安全这个业务场景详细介绍图像标注流程。

6.3.1　确定标注规则

在确定标注规则时，需要对模型所应用的业务场景进行分析。

安全帽是各行各业安全生产工作者必不可少的安全用具，正确佩戴安全帽不仅可以有效防止安全事故的发生和减轻各种事故的伤害，而且可以保障工作者的生命安全。为了防止出现未戴安全帽导致的安全事故，该模型需要检测工作者是否佩戴安全帽，并定位出未佩戴安全帽的目标位置。在很多情况下，安全帽虽然出现在图像中，但其可能是被工作者拿在手上，而不是处于佩戴状态。

基于以上分析可知，该模型注重安全帽的佩戴状态，所以从业务层面来看，需要的数据是佩戴安全帽和未佩戴安全帽的标注数据，安全帽佩戴检测标注示例如图 6-10 所示。

图 6-10　安全帽佩戴检测标注示例

图 6-10 中标记为 person 的是未佩戴安全帽的目标，标记为 hat 的是已佩戴安全帽的目标，这样可以更精准、更直接地确定安全帽的佩戴状态。

6.3.2　试标注

通过清晰明了的标注用例可以了解详细的标注规则，在这个过程中，需要详尽地列举出正确用例及错误用例。对标注规则的理解到位了，才可以正式开始试标注，即根据制订的标注规则，组织标注人员尝试完成少量的图像标注，检查标注人员对标注规则是否理解到位，避免因理解错误导致大量图像的标注出现错误，影响后续的模型训练。

6.3.3　标注检查

在标注过程中，需要在标注到约 100 个图像时进行标注检查。

需要从以下 3 个方面进行标注检查。

（1）标注正确率：检查被标注目标的标签类别是否正确，若标注工具支持对不同标签分配不同颜色，则可以迅速地检查标注类别是否正确。

（2）标注精确度：检查标注框是否完整贴合目标，是否存在标注框过大或者过小的情况。

（3）标注完备性：检查重叠或者部分被遮挡的目标是否存在漏标或者重复标注的情况。

6.3.4　模型训练

当标注到了一定数量的图像时就可以开始训练模型，随后通过训练好的模型对剩余未标注的图像进行识别。对于使用深度学习的图像分类任务，根据经验，通常每一个分类大概需要 1000 个图像数据参与训练才能获得识别效果相对较好的模型。

6.3.5　预标注

预标注指的是使用训练好的模型对剩余未标注的部分图像进行识别，这能够大大减轻数据标注的工作量。但是完成预标注后，需要及时检查预标注结果，以此来挖掘预标注的"不足"之处。

6.3.6 补充标注

补充标注指的是根据预标注阶段的不足之处修正和完善标注。在完成补充标注后，按照上述的三个检查方面，对已标注图像的标注数据进行重复检查。

利用补充标注后的数据进行增量训练得到新模型，通过新模型对其他未标注部分的图像进行预标注，标注人员对预标注数据进行修改完善。然后循环迭代模型训练、预标注、补充标注过程，直到得到好的模型效果，其流程如图 6-11 所示。

图 6-11　循环训练流程

在上述整个流程中，标注规则的确定尤为重要，需要总结业务中提供的图像数据，以确定标注类别和标签。对于不明确的类别需要根据实际场景进行细分，同时，标注规则要尽可能地详尽，可以就此给出文档和样例。此外，在标注的过程中遇到不确定情况时，需要及时进行沟通，否则可能会影响整体标注质量。

6.4　图像标注通用规则

图像标注是指为需要识别和分辨的图像数据贴上标签，深度神经网络通过学习这些标注数据的特征，最终实现自主识别功能。下面介绍几个物体检测中的标注通用规则。

6.4.1 贴边规则

需要使标注框紧贴目标物体的边缘来进行画框标注，框的范围不可过大或过小，如图 6-12 所示。

图 6-12　贴边规则示例

6.4.2 重叠规则

当两个目标物体出现重叠的情况时，只要遮挡范围不超过物体范围的一半就可以进行标注，允许两个标注框有重叠的部分。如果图像中其中一个物体挡住了另一个物体中的某一部分，标注的时候就需要对另一个物体的形状进行想象，然后整体（包括想象部分）框起来即可，如图 6-13 所示。

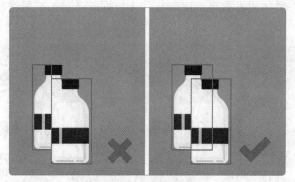

图 6-13　重叠规则示例

6.4.3　独立规则

对于每一个目标物体均需要单独用标注框标注，如图 6-14 所示，图中 3 个水瓶不能只用一个标注框标注，而是要将 3 个目标分别用 3 个标注框。

图 6-14　独立规则示例

6.4.4　不框规则

模糊不清和不符合项目特殊规则的图像不标注，太暗和曝光过度的图像同样不标注，如图 6-15 所示。

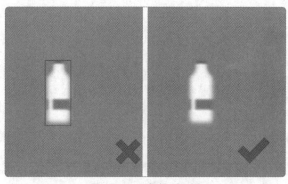

图 6-15　不框规则示例

6.4.5 边界检查规则

要确保标注框不与图像边界重合，以防止载入数据或者数据扩展过程中出现越界报错，如图 6-16 所示。

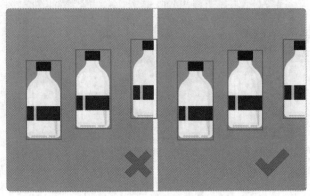

图 6-16　边界检查规则示例

6.4.6 小目标规则

不同的算法对"小目标"的检测效果不同，但只要人眼能分清的小目标都应该标出来，再根据算法的需求决定是否让这些样本参与训练。

 项目实施

6.5　实施思路

基于项目描述与知识准备内容的学习，我们已经了解了图像数据标注的含义和常见的标注类型，以及图像标注的流程和标注的通用规则，现在回归 EasyData 平台，介绍通过 2D 边界框标注进行安全帽佩戴检测项目的图像标注应用。以下是本项目实施的步骤。

（1）添加图像标签。

（2）标注图像数据。

（3）创建多人标注任务。

（4）导入已标注数据集。

6.6　实施步骤

步骤 1：添加图像标签

在对数据进行标注前，需要先通过以下步骤添加图像标签，之后才能通过标签的方式对数据进行标注。

（1）登录人工智能交互式在线实训及算法校验系统，进入本项目的实验环境。单击"控制台"中"AI平台实现"的百度EasyData的"启动"按钮，进入EasyData平台。单击"立即使用"按钮进入登录界面，输入账号和密码。

（2）进入EasyData数据服务控制台后，找到安全帽佩戴检测数据集，单击"全部版本"按钮，找到数据集V3，单击其右侧"操作"栏下的"查看与标注"，进入个人在线标注界面，如图6-17所示。

图6-17 个人在线标注界面

（3）单击"添加标签"按钮，输入第一个标签"hat"，代表有佩戴安全帽的人。如图6-18所示，此处默认标注框为蓝色。单击"确定"按钮进行保存。

图6-18 添加标签

（4）再次单击"添加标签"按钮，输入第二个标签"person"，代表没有佩戴安全帽的人。为了与标签"hat"区分开，可以修改"person"标签的标注框颜色，选择颜色后单击"保存"，再单击标签栏旁边的"确定"按钮进行保存，如图6-19所示。

（5）单击"确定"按钮后，即可在标签栏下看到所创建的标签，在标签名旁，还可以看到该标签的标注框数，如图6-20所示。因未开始标注，所以此处显示标注框数为0。

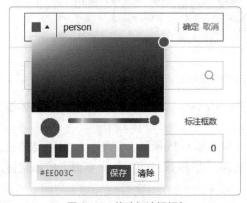

图6-19 修改标注框颜色

图6-20 标签列表

步骤2：标注图像数据

添加完标签后，就可以为图像选择对应的图像标签进行标注了，具体的数据标注步骤如下。

（1）单击数据集中的图像，再单击"查看大图"图标，如图6-21所示。

（2）打开图像后，单击"去标注"按钮，如图6-22所示。

图6-21 "查看大图"图标

图6-22 单击"去标注"按钮

（3）单击"个人在线标注"界面下方的"标注示例"按钮，查看标注提醒，并结合本项目所介绍的图像标注通用规则对图像进行标注，如图6-23所示。

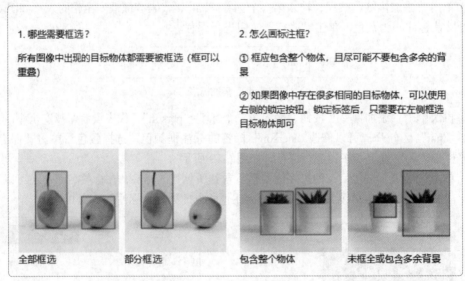

图6-23 平台内置的标注提醒

（4）用矩形框框选目标，根据提示，选中标签栏中的标签，此处需选择"person"标签，如图6-24所示。

（5）标注出图像中的所有目标并选择标签，效果如图6-25所示。注意，一定不要选错，否则会严重影响模型训练效果。按照上述步骤，完成50个图像数据的标注，掌握图像数据标注的方法。

图 6-24　矩形框标注示例

图 6-25　矩形框标注效果

步骤 3：创建多人标注任务

为了帮助开发者快速完成标注任务，EasyData 平台除了有上述的在线个人标注，还推出了智能标注和多人标注等其他标注方式。对于本项目，可以通过多人标注的方式，实现与他人协同合作，标注更多的图像数据，改善模型的训练效果。

（1）单击左侧导航栏的"多人标注"，如图 6-26 所示，进入"多人标注"标签页。

（2）查看多人标注的流程及对应的说明。

① 选择数据集版本：只可选择由自己创建的、此时未被共享、清洗、标注的数据集版本，并提前设定数据集版本的标注标签，任务过程中标注标签不支持增删改查。

② 选择标注团队：可以通过添加团队成员邮箱的方式自定义标注团队成员，一个标注团队成员上限为 20 人。

③ 标注任务分发：选定标注团队后系统将根据任务总数随机分配个人任务，以链接方式将任务发送到团队成员邮箱。

（3）了解了多人标注的流程及对应的说明后，单击"创建多人标注任务"，如图 6-27 所示，进入信息填写界面。

（4）在"任务名称"一栏输入"安全帽佩戴检测数据标注"；在"选择数据集"一栏选择"安全帽佩戴检测 V3"选项，可以

图 6-26　单击"多人标注"

暂无创建的任务

创建多人标注任务

图 6-27　单击"创建多人标注任务"

看到其他未添加标签的数据集是无法选择的,如图 6-28 所示。若需要添加标签,可单击旁边的"前往添加"进行添加。

图 6-28 设置多人标注任务的数据集

（5）在"分配数据类型"一栏默认选择"未标注",不可修改；单击"选择标注团队"一栏旁边的"创建团队",如图 6-29 所示,进入创建界面。

图 6-29 单击"创建团队"

（6）在"团队类型"一栏选择"标注团队"选项,"审核团队"选项表示对已标注的数据进行审核,核查标注是否正确；在"团队名称"一栏输入名称,名称上限为 20 字符,支持中／英文、数字、下画线、中画线,支持二次修改；"团队描述"为非必填项,上限为 50 字,如图 6-30 所示。

图 6-30 创建团队界面

（7）单击"团队成员"旁边的"+添加成员"，按照提示输入成员邮箱，在"备注"一栏可以输入相应成员的姓名，如图6-31所示。填写完后单击"确定"。

图6-31　设置团队成员信息

（8）团队创建完成后，在"选择标注团队"一栏选择所创建的团队，如图6-32所示，"每人标注数量"一栏则会根据团队的成员数量自动分配标注数量。

图6-32　选择所创建的团队

（9）为了确保标注的准确性，在"是否审核"一栏选择"是"选项，如图6-33所示，单击"创建团队"进入审核界面。

图6-33　进入审核界面

（10）在"团队类型"一栏选择"审核团队"选项，按照提示填写信息。信息填写完后，单击"确认"按钮，创建审核团队，如图6-34所示。

图6-34　创建审核团队

（11）"抽检比例"默认为20%，可根据标注难度适当调整抽检比例；设置任务截止日期和成员权限范围，默认勾选"查看并标注"复选项，"删除"复选项表示删除数据集中的某些数据，可根据需要进行设置，此处不勾选；标注完数据集之后可选择"覆盖已有版本"选项，若想保存原始版本的数据集，可选择"生成新版本"选项；设置完成后，单击"创建任务"按钮，如图6-35所示。

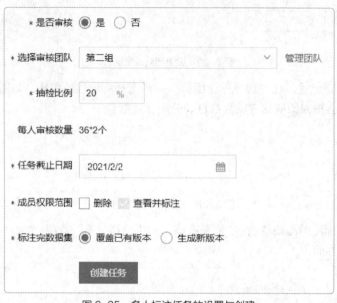

图6-35　多人标注任务的设置与创建

（12）任务创建完后，平台将通过团队成员的邮箱发送任务链接，团队成员可登录邮箱单击链接来查看任务。

（13）团队成员单击链接后即可进入任务界面，单击"我接收的任务"，可以查看"标注任务"和"审核任务"，如图6-36所示。在任务界面可查看任务详情，包括标注进度、标注状态、截止时间等。单击任务右侧"操作"栏下的"启动标注"，即可开始标注。

图6-36　任务界面

步骤4：导入已标注数据集

为了提高标注效率、确保该模型的训练效果，本项目准备了已标注的数据集，其中包含800个已标注的图像，可以选择直接导入该数据集，用于后期的模型训练。

（1）单击导航栏"我的数据总览"，找到安全帽佩戴检测数据集右侧的"新增版本"按钮，进入信息填写界面。

（2）在"备注信息"一栏输入本版本主要做的修改，如"导入已标注数据集"；将"继承历史版本"设置为"OFF"；在"标注类型"一栏选择"物体检测"选项；在"标注模板"一栏默认选择"矩形框标注"选项；信息输入完后，单击"完成"按钮新增版本，如图6-37所示。

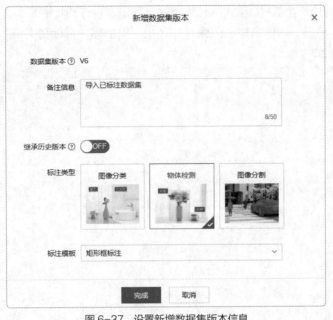

图 6-37　设置新增数据集版本信息

（3）找到数据集 V6，如图 6-38 所示，单击其右侧“操作”栏下的“导入”。

版本	数据集ID	数据量	最近导入状态	标注类型	标注状态	清洗状态	操作
V6	154133	0	● 已完成	物体检测	0% (0/0)	-	导入 删除

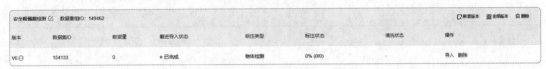

图 6-38　数据集列表

（4）设置导入数据的方式，在“数据标注状态”一栏选择“有标注信息”选项；在“导入方式”一栏选择“本地导入”-“上传压缩包”选项；在“标注格式”一栏选择“xml（特指 voc）”选项；单击“xml（特指 voc）”选项旁的 ? 图标，下载标注格式样例，查看其中的标注格式，如图 6-39 所示。

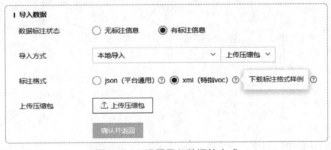

图 6-39　设置导入数据的方式

（5）下载并解压标注格式样例文件，打开 Annotations 文件夹，查看其中的文件，如图 6-40 所示，可以看到标注文件为 XML 格式。

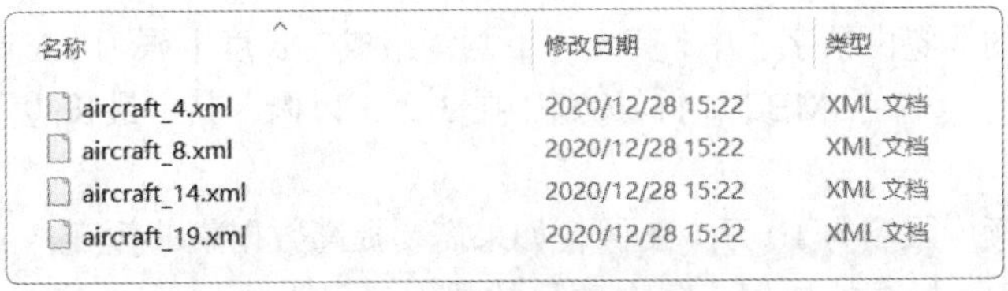

名称	修改日期	类型
aircraft_4.xml	2020/12/28 15:22	XML 文档
aircraft_8.xml	2020/12/28 15:22	XML 文档
aircraft_14.xml	2020/12/28 15:22	XML 文档
aircraft_19.xml	2020/12/28 15:22	XML 文档

图 6-40　XML 格式的标注样例文件

（6）每个图像对应一个 XML 格式的标注文件。用记事本打开其中一个文件，查看文件信息。XML 格式的文件中给出了图像名称、图像尺寸、矩形框坐标、目标物类别、遮挡程度和辨别难度等信息，示例格式如下所示。

```
<annotation>
        <object>
                <bndbox>        # 矩形框坐标
                        <xmin>937</xmin>
                        <ymin>85</ymin>
                        <ymax>160</ymax>
                        <xmax>1033</xmax>
                </bndbox>
                <difficult>0</difficult># 物体是否难以辨别，难以辨别主要指需结合背景才能
判断出类别的物体
                <pose>Left</pose>
                <name>aircraft</name>    # 目标物类别
                <truncated>1</truncated> # 物体是否被遮挡
        </object>
        <filename>aircraft_4.jpg</filename> # 图像名称
        <segmented>0</segmented>
        <owner>
                <name>Lmars, Wuhan University</name>
                <flickrid>I do not know</flickrid>
        </owner>
        <folder>RSDS2016</folder>
        <size>        # 图像尺寸
        <width>1044</width>
        <depth>3</depth>
        <height>915</height>
        </size>
</annotation>
```

（7）单击"上传压缩包"按钮，查看上传要求，如下所示。

• 上传已标注文件要求其为 ZIP 格式的压缩包，同时压缩包的大小在 5GB 以内。

• 压缩包内需要包括 Images、Annotations 两个文件夹，它们分别包括不重名的图像源文件（JPG/PNG/BMP/JPEG 格式）及与图像具有相同名称的对应标注文件（XML 格式）。

• 标注文件中的标签由数字、中 / 英文、下画线组成，长度上限为 256 个字符。

• 图像源文件的大小在 4MB 以内，长宽比在 3 ∶ 1 以内，其中最长边需要小于 4096px，最短边需要大于 30px。

• 图像数据集额度限制为 10 万个图像，如果需要提高数据集的额度，可在平台提交工单。

（8）按要求准备已标注的数据集，本项目的数据集名为"sample-obj-dct-annotated-voc.zip"，

其被保存在人工智能交互式在线实训及算法校验系统实验环境的 data 目录下。下载该数据集,将其保存在本地计算机中,回到 EasyData 平台,单击"已阅读并上传"按钮,选中压缩包并上传。

（9）文件上传过程中,须保持网络稳定,不可关闭网页。上传完成后,单击"确认并返回"按钮,如图 6-41 所示。

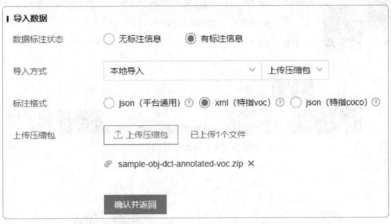

图 6-41　单击"确认并返回"按钮

（10）数据集上传完后,可以看到数据集 V6 的最近导入状态已更新为"已完成",数据量为 800,标注状态为 100%（800/800）,表示原文件中的 800 个已标注的图像数据均已成功上传,如图 6-42 所示。

版本	数据集ID	数据量	最近导入状态	标注类型	标注状态	清洗状态	操作
V6 ⊖	154133	800	● 已完成	物体检测	100% (800/800)	-	查看与标注　导入　导出　清洗　…
V5 ⊖	153315	1469	● 已完成	物体检测	0% (0/1469)	-	查看与标注　导入　导出　清洗　…

图 6-42　数据集列表

（11）单击"V6"右侧的"查看与标注"按钮,可查看具体的标注情况。从右侧的标签栏可以看到有 3 个标签,分别为"dog""person""hat",同时可以查看这 3 个标签的标注框数,如图 6-43 所示。为了将这 3 个标签区分开来,可以将"person"的标注框颜色改为红色。

图 6-43　查看标注情况

（12）查看这 3 个标签分别代表什么,下面以标签"person"为例进行介绍。单击"筛选"按钮,在"标签"一栏选择"person"选项,单击"完成"按钮进行筛选,如图 6-44 所示。

（13）选择其中一个图像,单击其以查看大图。单击矩形框,即可显示其标签,这里可以看到标签"person"指的是未佩戴安全帽的人。若发现某些图像标注错误,可单击"去标注"按钮进行修改,如图 6-45 所示。至此,已标注的安全帽佩戴检测数据集上传完成。

全部 (800)   有标注信息 (800)   无标注信息 (0)

安全帽佩戴检测V6版本的图像列表   筛选 ∧

数据来源 ☑不限   □本地上传   □摄像头采集   □云服务调用数据采集   □数据清洗

导入日期 ☑不限   2020/12/23 - 2021/1/23   📅

标注日期 ☑不限   2020/12/23 - 2021/1/23   📅

标签   □不限   person   ∧

完成   取消   dog
                person
                hat

hat   hat

图 6-44   筛选标注信息

24   ✕

person

去标注   删除图像

图 6-45   单击"去标注"按钮

知识拓展

6.7 XML 的定义

可扩展标记语言（Extensible Markup Language，XML）是一种扩展性的标记语言，用于标记电子文件，使其具有结构性的标记语言，其可以用来标记数据、定义数据类型，是一种允许用户对自己的标记语言进行定义的源语言，非常适合用于 Web 传输。

XML 格式是一种通用的数据格式，如要给对方传输一些数据，内容如下。

2008 年北京奥运会

为了能够识别这句话，可以将这句话按照属性进行拆分，形成以下 3 个数据。

- 时间：2008 年。
- 地点：北京。
- 事件：奥运会。

最后可以通过 XML 格式来表示以上数据，这种方式相对简洁，更加适合用于传输。

```
<person>
  <time value="2008 年" />
  <address value=" 北京 " />
  <event value=" 奥运会 " />
</person>
```

6.8 XML 文件的作用

XML 文件的作用包括存储数据、携带数据和交换数据。

（1）使用 XML 文件可以实现在 HTML 文件之外存储数据。在不使用 XML 文件时，HTML 文件用于显示数据，数据必须存储在 HTML 文件之内；使用了 XML 文件后，数据就可以存储在分离的 XML 文件中。使用 XML 文件可以实现当开发者改动数据时，不用同时改动 HTML 文件，以方便页面维护。

（2）使用 XML 文件可以实现在不兼容的系统之间交换数据。在实际应用场景中，计算机系统和数据库系统所存储的数据以多种形式进行连接，导致了在遍布网络的系统之间，交换数据的过程非常耗时。但如果把数据转换为 XML 格式进行存储，将大大降低交换数据过程的复杂性，并且可以保证数据能被不同的程序读取。

（3）使用 XML 纯文本文件可以实现共享数据。XML 数据以纯文本格式存储，因此提供了一种与软硬件无关的共享数据方法，由此很方便地创建能被不同程序所读取的数据文件。

课后实训

（1）以下哪项不属于图像标注的应用？（　　　）【单选题】

    A. 自动驾驶　　　　　B. 垃圾分类　　　　　C. 人脸识别　　　　　D. 语音识别

（2）（　　　）通常用于统计模型以及姿势识别模型或面部识别模型。【单选题】

    A. 多边形标注　　　　B. 关键点标注　　　　C. 折线标注　　　　　D. 语义分割

（3）关于物体检测模型的数据标注流程，下列哪一项是错误的？（　　　）【单选题】

    A. 在标注数据之前，需从业务层面确定标注规则

    B. 有了清晰的标注规则和标注用例后，可以进行试标注

    C. 需等所有数据标注完后再进行标注检查

    D. 检查标注时可从标注正确率、标注精确度和标注完备性三方面进行

（4）图像标注通用规则不包括（　　　）。【单选题】

    A. 标注框需紧贴目标物体的边缘

    B. 标注框不应该与图像边界重合

    C. 每一个目标物体均需要单独用标注框标注

D. 所有的"小目标"都不应该进行标注

（5）图6-46所示标注属于（　　　）标注方式。【单选题】

图6-46　题（5）图示

A. 矩形标注框　　　　B. 关键点标注　　　　C. 折线标注　　　　D. 语义分割

第3篇
深度学习模型定制平台应用

通过对第2篇的学习，我们已经基本掌握了数据采集、数据清洗、数据标注的相关知识，以及智能数据服务平台的使用方式。而本篇将基于第2篇中介绍的处理后的数据集，通过深度学习模型定制平台EasyDL讲解如何开展后续的模型训练和模型部署工作，以完成人工智能实训项目的开发。国家提出要强化企业科技创新主体地位，发挥科技型骨干企业引领支撑作用，营造有利于科技型中小微企业成长的良好环境。本篇通过项目实施熟练掌握科技型骨干企业所开放的深度学习模型定制平台的使用方式，熟悉模型训练、模型评估、模型校验、模型部署的相关知识，学会利用平台开发基础人工智能项目，从而实现人工智能在业务场景中的应用。

项目7

深度学习模型定制平台入门使用

07

随着数据的不断积累、技术的逐渐成熟与底层算力的持续提升，人工智能正进入应用落地阶段。但企业组建技术团队独立开发人工智能应用的成本高、难度大、效率低，且开发周期长，制约了企业人规模应用人工智能技术。因此，人工智能开放平台应运而生。

项目 目标	（1）了解深度学习模型定制平台。 （2）掌握深度学习模型定制平台的功能。 （3）掌握深度学习模型定制平台的基本使用方法。

▷ 项目描述

在 EasyDL 问世前，多项标准技术如人脸识别、文字识别等，都已在百度人工智能开放平台中应用。不过，这些技术与企业实际场景的结合，需要依靠企业中具备专业的算法开发能力的人才。而真正懂人工智能、拥有丰富模型训练经验的人才通常寥寥无几，这导致开发定制人工智能模型对于企业来说难以实现。

针对上述情况，EasyDL 提供了创建模型、上传并标注数据、训练并校验模型效果、模型部署等一站式人工智能服务，实现了全流程自动化，用户只需要根据平台的提示进行操作即可，这让人工智能零基础的用户也能快速实现人工智能应用开发。据统计，截至 2020 年年底，EasyDL 已经累计服务了 90 多万的用户，覆盖 20 多个行业，得到了大量企业与个人开发者的广泛认可与应用。

在本项目中，将深入讲解 EasyDL 的含义、功能及其对应的应用场景，并会通过项目实施，介绍如何登录深度学习模型定制平台，以及通过训练简易的图像分类模型实现猫和狗的分类，从而使读者掌握 EasyDL 的基本使用方法。

7.1　深度学习模型定制平台的简介

EasyDL 是百度大脑推出的零门槛人工智能开发平台，面向各行各业有定制人工智能应用的需求、零算法基础或者追求高效率开发人工智能应用的企业用户。EasyDL 支持通过可视化的拖拽式的便捷操作进行一站式人工智能开发，平台包括数据管理、数据标注、模型训练、模型部署等功能，并且支持对图像类、文本类、音频类、视频类等各种类型的数据进行处理，功能相对强大。图 7-1 所示为 EasyDL 从数据管理到模型构建，再到模型部署与应用的一站式开发流程。

图 7-1　EasyDL 一站式开发流程

7.2　深度学习模型定制平台的功能

深度学习模型定制平台根据目标客户的应用场景及深度学习的技术方向，开发了 6 个模型类型：EasyDL 图像、EasyDL 文本、EasyDL 语音、EasyDL OCR、EasyDL 视频以及 EasyDL 结构化数据，如图 7-2 所示。

以下分别对 EasyDL 开发的 6 个模型类型进行具体介绍。

EasyDL 图像　　　EasyDL 文本　　　EasyDL 语音

7.2.1　EasyDL 图像

EasyDL OCR　　EasyDL 视频　EasyDL 结构化数据

图 7-2　EasyDL 模型类型

EasyDL 图像可定制基于图像进行多样化分析的人工智能模型，实现图像内容理解分类、图中物体检测定位等，适用于图像内容检索、安防监控、工业质检等场景。

目前，EasyDL 图像共支持训练 3 种不同应用场景的模型，包含图像分类模型、物体检测模型和图像分割模型。

1. 图像分类模型

图像分类模型可识别图像中是否是某类物体、状态或场景，还可以识别图像中主体单一的场景。图 7-3 所示为图像分类模型在垃圾分类中的应用，可以识别单个图像内的物品属于哪一类垃圾。

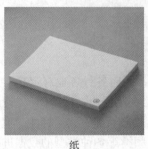  

纸　　　　　　　　　　　玻璃　　　　　　　　　　　塑料

图 7-3　图像分类模型在垃圾分类中的应用

下面简单介绍该模型的 4 个应用场景。

（1）图像内容检索：定制训练需要识别的各种物体的规则，并结合业务信息展现更丰富的识别结果，如识别垃圾类别。

（2）图像审核：定制图像审核规则，如识别直播场景中是否有抽烟等违规现象。

（3）制造业中的分拣或质检：定制生产线上各种产品的识别规则，如实现自动分拣或者质检。

（4）医疗诊断：定制识别医疗图像的规则，如辅助医生进行肉眼诊断。

2. 物体检测模型

在一个图像包含多个物体的情况下，物体检测模型可定制识别出每个物体的位置、数量、名称，还可以识别图像中有多个主体的场景。图 7-4 所示为物体检测模型在交通实时监控中的应用，该模型可以识别出图像中的多个物体及其位置。

图 7-4　物体检测模型在交通实时监控中的应用

下面简单介绍该模型的 3 个应用场景。

（1）视频监控：如检测是否有违规物体、行为出现。

（2）工业质检：如检测图像里微小瑕疵的数量和位置。

（3）医疗诊断：如医疗时的细胞计数、中草药识别等。

3. 图像分割模型

对比物体检测模型，图像分割模型支持用多边形标注训练数据，模型可像素级识别目标，适合图像中有多个主体、需识别其位置或轮廓的场景。图 7-5 所示为图像分割模型在智能交通中的应用，可以识别出图像中的多个物体及其轮廓。

下面简单介绍该模型的 3 个应用场景。

（1）智能医学：用于测量医学图像中的组织体积、三维重建、手术模拟、病灶定位等。

（2）智能交通：用于对车辆进行轮廓提取、识别或跟踪，行人检测，识别道路信息（包括车道标记、交通标志）等。

（3）遥感图像：用于分割合成孔径雷达图像中的目标，提取遥感云图中的不同云系与背景，在卫星图像中识别建筑、道路、森林等。

图 7-5　图像分割模型在智能交通中的应用

7.2.2　EasyDL 文本

EasyDL 文本基于百度公司的语义理解技术，提供一系列完整的自然语言处理模型定制与应用功能，可广泛应用于各种自然语言处理场景。

目前，EasyDL 文本共支持训练 6 种不同应用场景的模型，包括文本分类－单标签模型、文本分类－多标签模型、短文本相似度模型、文本实体抽取模型、文本实体关系抽取模型和情感倾向分析模型。

1. 文本分类－单标签模型

文本分类－单标签模型可以定制分类标签实现文本内容的自动分类，每个文本仅属于一种标签类型。图 7-6 所示为文本分类－单标签模型在媒体文章分类中的应用，可以识别每一个文本所属的单个文章领域。

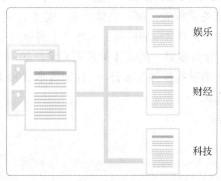

图 7-6　文本分类－单标签模型在媒体文章分类中的应用

下面简单介绍该模型的 3 个应用场景。

（1）投诉信息分类：训练投诉信息的自动分类，将每个投诉的内容进行分类管理，以节省大量客服人力成本。

（2）媒体文章分类：训练网络媒体文章的自动分类，进而实现各类文章的自动分类。

（3）文本审核：定制训练文本审核的模型，如训练审核文本中是否含有违规或偏激的描述。

2. 文本分类－多标签模型

文本分类－多标签模型可以定制分类标签实现文本内容的自动分类，每个文本可同时属于多个分类标签。

下面简单介绍该模型的 2 个应用场景。

（1）新闻分类：定制训练媒体文章的自动分类，识别文章所属的一个或多个领域标签。

（2）商品名称分类：定制训练商品名称的自动分类，识别商品所属的一个或多个品类。

3. 短文本相似度模型

短文本相似度模型可以将两个短文本进行语义对比计算，从而获得两个短文本的相似度值。

该模型的 4 个典型应用场景：

（1）搜索场景下的信息匹配。

（2）新闻媒体场景下的新闻推荐。

（3）新闻媒体场景下的标题去重。

（4）客户场景下的问题匹配。

4. 文本实体抽取模型

文本实体抽取模型可以定制实现对文本内容中的关键实体进行识别和抽取，并将抽取内容识别为自定义的类别标签，如图 7-7 所示。

该模型的 3 个典型应用场景：

（1）金融研报信息识别。

（2）医疗病例实体抽取。

（3）法律案件文书实体抽取。

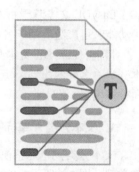

图 7-7　文本实体抽取模型示意

5. 文本实体关系抽取模型

文本实体关系抽取模型是指从文本中抽取出预定义的实体类型及实体间的关系类型，得到包含语义信息的实体关系三元组，每个实体关系三元组由两个实体及其关系构成，如＜实体关系，实体 1，实体 2＞。文本实体关系抽取模型支持一对一、一对多、多对一、多对多的情况，如在"上海软件公司和上海智能公司的注册资本均为 100 万元人民币"中，含有多对一的实体关系三元组，如＜上海森焱软件有限公司，注册资本，100 万元人民币＞和＜上海欧提软件有限公司，注册资本，100 万元人民币＞。

该模型的 3 个典型应用场景：

（1）行业知识图谱的构建。

（2）问答系统的结构化。

（3）知识库的问答推理。

6. 情感倾向分析模型

情感倾向分析模型是对包含主观信息的文本进行情感倾向性判断，情感极性分为积极、中性、消极，如图 7-8 所示。

下面简单介绍该模型的 3 个应用场景。

（1）电商评论分类：可对商品的评论信息进行分类，将不同用户对同一商品的评论内容按情感极性予以分类展示。

（2）商品舆情监控：通过对商品的多维度评论观点进行情感倾向性分析，给用户提供关于该商品全方位的评价，方便用户进行决策。

（3）舆情分类：通过对需要进行舆情监控的实时文字数据流进行情感倾向性分析，把握用户对热点信息的情感倾向性变化。

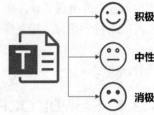

图 7-8　情感倾向分析模型示意

7.2.3　EasyDL 语音

EasyDL 语音可以定制语音识别模型，以便精准识别业务专有名词，适用于数据采集和录入、语音指令、呼叫中心等场景；还可以定制声音分类模型，用于区分不同声音类别。

目前，EasyDL 语音共支持训练两种不同应用场景的模型：语音识别模型和声音分类模型。

1. 语音识别模型

语音识别模型支持零代码自助训练，上传与业务场景相关的文本训练语料即可自助训练语音识别模型，支持词汇、长文本等多种训练方式，模型可输出字准、句准、核心词准等多维度的评估结果报告，能提升业务领域专有名词识别准确率。如图 7-9 所示，语音识别模型可以将语音转换为文字并进行搜索。

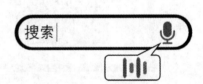

图 7-9　语音识别模型在语音搜索中的应用

下面简单介绍该模型的 4 个应用场景。

（1）语音对话：如 App 语音助手，又如金融行业、医疗行业、航空业智能机器人对话等短语音交互场景中，使用领域中的专业术语进行训练，可提高对话精准度。

（2）语音指令：如智能硬件语音控制、App 内语音搜索关键词、语音红包等场景中，训练固定搭配的指令内容，可让控制更精确。

（3）语音录入：如农业采集、工业质检、物流快递单录入、餐厅下单、电商货品清点等业务信息语音录入场景，可训练业务中的常用词，让录入的结果更有效。

（4）电话客服：如运营商、金融、地产销售等电话客服业务场景，同语音对话可使用领域中的专业客服术语进行训练，提高对话精准度。

2. 声音分类模型

声音分类模型可以通过定制模型，区分出更多不同物种发出的声音，支持最长 15s 的音频处理。如图 7-10 所示，声音分类模型可以区分出某一社区中的各类噪声。

下面简单介绍该模型的两个应用场景。

（1）安防监控：定制训练识别不同的异常或正常的声音，进而用于突发状况预警。比如在工业生产场

儿童玩耍声　狗叫声　警笛声　钻孔声　街道音乐声

图 7-10　声音分类模型在噪声分类中的应用

景中监控是否出现了异常噪声，从而辅助人工测试的时候判断是否出现错误。

（2）科学研究：定制训练识别同一物种的不同个体的声音或者不同物种的声音，从而协助野外作业研究。比如动物研究机构从野外采集的声音，借助于声音分类模型，判断当前声音是什么物种发出的。

7.2.4 EasyDL OCR

EasyDL OCR 可以定制训练文字识别模型，结构化输出关键字段内容，满足个性化的卡、证、票据识别需求，适用于证照电子化审批、财税报销电子化等场景。如图 7-11 所示，EasyDL OCR 可以对营业执照等证照中的关键信息进行提取。

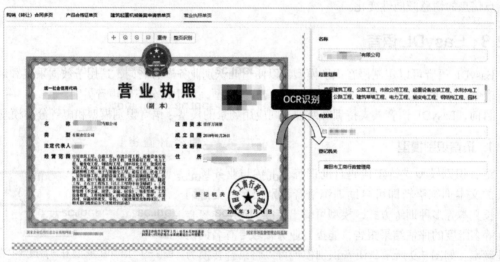

图 7-11 EasyDL OCR 在证照电子化审批中的应用

下面简单介绍 EasyDL OCR 的 3 个应用场景。

（1）证照电子化审批：对政府、企业等涉及的审批流程中需用到的各种证照，如食品或药品的经营许可证、特种设备审批证等，进行定制训练，快速提取关键信息完成线上审批。

（2）财税报销电子化：对不同金融或税务机构发行的各类财务发票、银行单据进行定制训练，快速实现财税凭证的录入，大幅度节约凭证邮寄、录入的成本，实现线上电子化财税报销。

（3）保险智能理赔：对不同版式的保单或不同地区、不同医疗系统开具的医疗票据进行定制训练，实现保险理赔相关材料的快速录入，降低人力成本，提升保险理赔的业务安全性及快捷性。

7.2.5 EasyDL 视频

EasyDL 视频可以定制化分析视频片段内容、跟踪视频中特定的目标对象，适用于视频内容审核、人流或车流统计、养殖场牲畜移动轨迹分析等场景。

目前，EasyDL 视频共支持训练两种不同应用场景的模型：视频分类模型和目标跟踪模型。

1. 视频分类模型

视频分类模型是针对视频内容识别推出的一个定制化训练平台。视频分类模型可以用于分析短视频的内容，识别出视频内人体做的是什么动作，物体或环境发生了什么变化。如图 7-12 所示，通过视频分类模型可以对短视频中的动作进行识别。

预测分类	置信度
1. jie_guo_yuan_man_che...	71.79%
2. wo_men_de_guo_jia_f...	21.75%
3. jia_qiang_guo_jia_bao...	6.46%
4. [default]	0.00%

图 7-12　视频分类模型在手语识别中的应用

下面简单介绍该模型的 4 个应用场景。

（1）人体动作监控：定制训练监控人体特殊动作，如特殊手势，工地或后厨人员行为等。

（2）环境变化监控：定制训练监控环境变化，如山体塌方、泥石流等。

（3）视频内容分析：快速分析视频内容，可用于短视频 App 和直播平台中。

（4）物体状态变化监控：定制训练识别特定物体的移动方向、形态变化等。

2．目标跟踪模型

目标跟踪模型是指对视频流中的特定运动对象进行检测识别，以获取目标的运动参数，从而实现对后续视频帧中该对象的运动预测（轨迹、速度等的预测），以此实现对运动目标的行为理解。

下面简单介绍该模型的 3 个应用场景。

（1）目标计数：流水线上特定产品的数量统计；商场、旅游景点的人流统计等。

（2）智能化交通：人流、车流分析；行人运动轨迹预测；交通违规行为抓拍等。

（3）人或动物的轨迹分析：监控摄像头下行人的可疑移动轨迹分析；养殖场动物移动轨迹监测等。

7.2.6　EasyDL 结构化数据

EasyDL 结构化数据可以挖掘数据中隐藏的模式，解决二分类、多分类、回归等方面的问题，适用于客户流失预测、欺诈检测、价格预测等场景。

目前，EasyDL 结构化数据共支持训练两种不同应用场景的模型：表格数据预测模型和时序预测模型。

1．表格数据预测模型

表格数据预测模型是指通过机器学习技术从表格化数据中发现潜在规律，从而创建机器学习模型，并基于机器学习模型处理新的数据，为业务应用生成预测结果。

下面简单介绍该模型的 3 个应用场景。

（1）信用评分：金融公司分析客户的历史行为数据，建立客户信用模型，从而确定贷款额度等。

（2）精准营销：从客户消费记录中挖掘客户群体的共有特征，分析出客户的购物偏好，从而实现广告的精准投放。

（3）客户流失预测：根据客户历史数据获得数据挖掘模型，从而生成客户流失预测列表，为市场营销策略提供有价值的业务洞察依据。

2. 时序预测模型

时序预测模型是指通过机器学习技术从历史数据中发现潜在规律，从而对未来的变化趋势进行预测。

下面简单介绍该模型的 3 个应用场景。

（1）价格预测：从历史数据中发现商品的变化规律以及影响价格的因素，从而为未来的商业行为提供支持。

（2）销量预测：基于历史销量数据预测当期的销售量，进而帮助厂商制订更合理的生产或备货计划，从而提高利润。

（3）交通流量预测：基于给定路段的历史交通流量数据预测未来的交通流量数据，为交通运输规划与研究提供决策依据。

7.3 深度学习模型定制平台的优势

深度学习模型定制平台具有较为领先的功能特性，其已在工业制造、安全生产、零售快消、智能硬件、文化教育、政府政务、交通物流、互联网等领域广泛落地。以下从 4 个方面简单介绍该平台的优势。

1. 零门槛

EasyDL 提供围绕人工智能服务开发的端到端的一站式人工智能开发和部署平台，包括数据上传、数据标注、训练任务配置及调参、模型效果评估、模型部署等。平台设计简约，极易理解，门槛很低，一般情况下仅需几分钟即可上手，10min 即可完成模型训练。图 7-13 所示为 EasyDL 的简易人工智能模型定制流程。

图 7-13　EasyDL 的简易人工智能模型定制流程

2. 高精度

EasyDL 基于 PaddlePaddle 深度学习框架构建而成，底层结合百度公司自研的 AutoDL/AutoML 技术，基于少量数据就能获得具有出色效果和性能的模型。

3. 低成本

数据对于模型效果至关重要，在数据服务上，EasyDL 除提供基础的数据上传、存储、标注外，还额外提供线下采集、标注支持、智能标注、多人标注、云服务数据管理等多种数据管理服务，能大幅降低企业用户及开发者训练数据的处理成本且有效提高标注效率。

4. 广适配

EasyDL 的模型训练需要进行在线训练。训练完成后，企业用户及开发者可将模型部署在公有云、本地服务器、本地设备端、软硬一体化产品上，通过 API 或 SDK 进行集成，以有效满足各种业务场景对模型部署的要求。图 7-14 所示为 EasyDL 的模型部署方式。

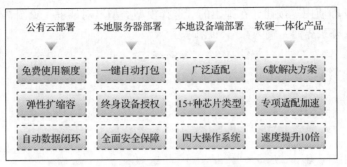

公有云部署	本地服务器部署	本地设备端部署	软硬一体化产品
免费使用额度	一键自动打包	广泛适配	6款解决方案
弹性扩缩容	终身设备授权	15+种芯片类型	专项适配加速
自动数据闭环	全面安全保障	四大操作系统	速度提升10倍

图 7-14　EasyDL 的模型部署方式

 项目实施

7.4　实施思路

基于项目描述与知识准备的内容，我们已经了解了深度学习模型定制平台的 6 个模型类型和应用场景等；现在回归 EasyDL 平台，介绍如何登录深度学习模型定制平台，通过训练简易的图像分类模型，实现猫和狗的分类，从而使读者掌握 EasyDL 的基本使用方法。而其中涉及的模型准确率、算法配置等相关知识，会在项目 8 和项目 9 中详细介绍。本项目为实现识别猫和狗，将通过以下步骤进行，在实施过程中不追求模型的最终效果，而着重于基本的操作。

（1）创建图像分类模型。

（2）上传数据。

（3）标注数据。

（4）训练并校验模型。

7.5　实施步骤

步骤 1：创建图像分类模型

EasyDL 的基本流程是创建模型 - 上传并标注数据 - 训练并校验模型，因此，接下来先通过以下步骤创建能够识别猫和狗的图像分类模型。

（1）登录人工智能交互式在线实训及算法校验系统，进入本项目的实验环境。单击控制台中"AI 平台实验"的百度 EasyDL 的"启动"按钮，进入 EasyDL 平台，如图 7-15 所示。

图 7-15　EasyDL 界面

（2）单击"立即使用"按钮，在弹出的"选择模型类型"对话框（见图7-16）中选择"图像分类"选项，进入登录界面，输入账号和密码。

图7-16 "选择模型类型"对话框

（3）进入图像分类模型管理界面后，在界面左侧的导航栏中，单击"我的模型"，再单击"创建模型"按钮，如图7-17所示，进入创建模型界面。

（4）在"模型名称"一栏输入"识别猫和狗"；在"模型归属"一栏选择"个人"选项，另外需输入个人的邮箱地址和联系方式；在"功能描述"一栏输入该模型的作用，该栏需要输入多于10个字符但不能超过500个字符的内容，如图7-18所示。

图7-17 单击"创建模型"按钮

图7-18 创建模型界面

（5）信息填写完后，单击"下一步"按钮即可成功创建模型。单击图像分类模型管理界面左侧导航栏的"我的模型"即可看到所创建的模型，如图7-19所示。

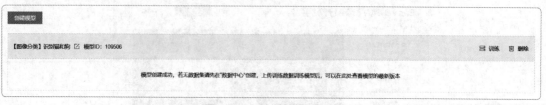

图7-19 所创建的模型列表

步骤2：上传数据

图像分类模型创建完成后，即可进行数据的上传和标注。接下来，通过以下步骤尝试上传少量的数据。

（1）单击图像分类模型管理界面左侧导航栏的"数据总览"，再在"我的数据总览"中单击"创建数据集"按钮，如图7-20所示，进入"创建数据集"界面。

图7-20 "我的数据总览"标签页

（2）按照提示填写信息。在"数据集名称"一栏可输入"猫和狗"。其他均保持默认设置，无需修改。信息填写完成后，单击"完成"按钮，如图7-21所示。

图7-21 创建数据集界面

（3）数据集创建成功后，在管理界面中将出现该模型的数据集信息，包括版本、数据集ID、数据量、标注类型、标注状态、清洗状态等。通过数据集右侧的"操作"栏可以实现对数据集的管理，包括多人标注、导入、删除、共享等，如图7-22所示。单击"导入"，进入数据导入界面，导入该数据集数据。

图7-22 所创建的数据集列表

（4）在数据导入界面中，可以看到该数据集的相关信息，包括版本号，数据总量、标签个数、已标注个数等，这里可以看到该数据集中的数据总量为 0。在"导入数据"-"数据标注状态"一栏选择"无标注信息"选项，在"导入方式"一栏选择"本地导入"-"上传图像"选项，如图 7-23 所示。

（5）单击"上传图像"按钮，查看对应的要求，如图 7-24 所示。

图 7-23 设置数据导入的方式

图 7-24 上传要求

① 图像格式要求如下。
- 目前支持的图像类型为 JPG、PNG、BMP、JPEG 格式，图像大小限制在 4MB 以内。
- 图像长宽比在 3 ∶ 1 以内，其中最长边小于 4096px，最短边大于 30px。

② 图像内容要求如下。
- 训练图像和实际场景中识别的图像的拍摄角度要一致，如果实际要识别的图像是俯拍的，那么训练图像就不能用网上下载的目标正面图像。
- 每个分类的图像需要覆盖实际场景里的可能性，如拍照角度、光线明暗的变化，训练集覆盖的场景越多，模型的泛化能力越强。

（6）在上传文件之前，需要先下载相应的数据集，该数据集保存在人工智能交互式在线实训及算法校验系统实验环境的 data 目录下，将其下载至本地。打开训练集文件，可看到其中包含 10 个图像，猫和狗的图像各 5 个。一般要求每个分类至少 20 个图像，如果想要有较好的模型效果，建议每个分类准备不少于 100 个图像。本项目主要的目的为熟悉 EasyDL 的基本使用方法，简单体验 EasyDL 的人工智能开发流程，所以此处仅上传少量的数据集，以节约时间。"识别猫和狗"项目数据集如图 7-25 所示。

图 7-25 "识别猫和狗"项目数据集

（7）数据集下载完成后，回到 EasyDL 平台数据导入界面，单击"添加文件"按钮，按住"Ctrl"键，选择训练集中的 10 个图像并打开。单击"开始上传"按钮即可上传图像，如图 7-26 所示。

图 7-26　上传图像

（8）上传完后，单击"确认并返回"按钮，如图 7-27 所示。

图 7-27　单击"确认并返回"按钮

（9）回到数据总览界面，此时可以看到该数据集的状态为"正在导入"，如图 7-28 所示。该导入过程，根据数据集的大小不同，时间略有不同。此处大约等待 30s，数据就会上传完成。

图 7-28　数据集状态为"正在导入"

步骤 3：标注数据

数据集上传完后，可以看到导入状态已更新为"已完成"，如图 7-29 所示，数据量为 10，标注状态为 0%（0/10）。单击该数据集右侧"操作"栏下的"查看与标注"按钮，进入标注界面。接下来为导入的数据进行标注。

图 7-29　数据集状态为"已完成"

（1）单击左侧的"添加标签"按钮，输入标签名"猫"，单击"确定"按钮进行保存，如图7-30所示。

图7-30　添加标签名"猫"

（2）按照同样的方式，添加名为"狗"的标签，标签列表如图7-31所示。

（3）标签添加完后，即可进行数据标注。单击界面右上方的"批量标注"按钮，如图7-32所示，进入标注界面。

图7-31　标签列表

图7-32　单击"批量标注"按钮

（4）选中所有代表猫的图像，单击右侧标签栏下对应的标签名"猫"，即可进行标注，如图7-33所示。此处要注意不可选错图像，若标注错误，会严重影响模型的训练效果。

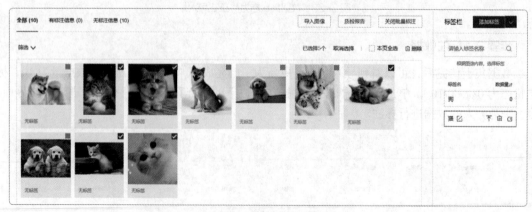

图7-33　对猫类图像进行标注

（5）标注成功后，在对应的 5 个图像的下方会显示标签名，在标签旁也会显示对应标签的数据量为 5，在上方"有标注信息（5）"处还可查看已标注的数据及数据量，猫类图像标注完成界面如图 7-34 所示。

图 7-34　猫类图像标注完成界面

（6）按照同样的方式，完成其他图像的标注，猫类和狗类图像标注完成的标签名部分如图 7-35 所示。

步骤 4：训练并校验模型

数据标注完后，即可通过以下步骤进行模型训练，并查看模型校验效果。

（1）单击左侧导航栏的"训练模型"，进入相应界面，设置训练配置。

① 在"部署方式"一栏选择"公有云部署"选项，在"训练方式"一栏选择"常规训练"选项，在"选择算法"一栏选择"高精度"选项，将"高级训练配置"设置为"OFF"，如图 7-36 所示。

图 7-35　猫类和狗类图像标注完成的标签名部分

图 7-36　设置训练配置

② 在"添加训练数据"一栏，单击"＋请选择"按钮，如图 7-37 所示。

图 7-37　单击"＋请选择"按钮

③ 在"选择分类数据集"对话框中,勾选"分类名称""猫""狗"复选项,单击"添加"按钮,即可完成数据集的添加, 如图 7-38 所示。

图 7-38 "选择分类数据集"对话框

④ 数据集添加成功后,单击该对话框右上角的"×"按钮,关闭对话框,即可回到训练模型界面,在该界面中可以看到所选择的 1 个数据集的 2 个分类, 如图 7-39 所示。如果选择错误,可以单击旁边的"全部清空",重新选择数据集。

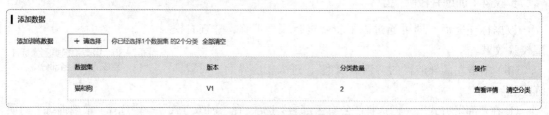

图 7-39 训练模型界面

⑤ 其他配置选项均保持默认设置,无须修改, 如图 7-40 所示。

图 7-40 其他配置界面

⑥ 设置完以上内容后,单击"开始训练"按钮, 如图 7-41 所示。

图 7-41 单击"开始训练"按钮

⑦ 在弹出的对话框中，单击"继续训练"按钮，即可进行训练，如图 7-42 所示。

图 7-42　单击"继续训练"按钮

（2）单击"训练状态"-"训练中"旁的感叹号图标，可查看训练进度，还可以设置在模型训练完成后，发送短信至个人手机。若手机号设置有误，可单击手机号旁的编辑按钮，修改手机号。训练时间与数据量大小有关，本次训练大约耗时 15min。15min 后，刷新界面，查看是否训练完成，模型训练中界面如图 7-43 所示。

图 7-43　模型训练中界面

（3）训练完成后，可以看到该模型的效果。单击右侧"操作"栏下的"查看版本配置"按钮，查看各分类的模型效果，模型训练完成界面如图 7-44 所示。

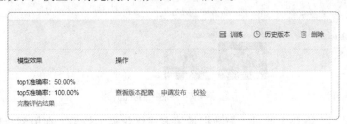

图 7-44　模型训练完成界面

（4）在版本配置界面，可以查看任务开始时间、任务时长、训练时长及训练算法等基本信息，如图 7-45 所示。在"训练集"一栏，可以查看各分类的训练效果。此处可以看到"狗"的训练效果较好，"猫"的训练效果较差。

图 7-45　版本配置界面

（5）回到我的模型界面，单击"模型效果"一栏下的"完整评估结果"，可以查看评估报告，如图 7-46 所示。

图 7-46　单击"完整评估结果"

（6）在评估报告界面中，可以在"整体评估"一栏查看模型的基本结论和整体的准确率等数据；在"详细评估"一栏可以查看错误示例等，如图 7-47 所示。该模型的训练效果较差，主要是因为训练集数据量较少，在数据量较多的情况下，可以得到效果更好的模型。

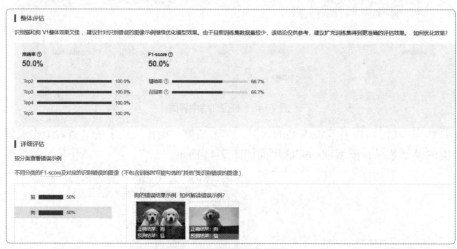

图 7-47　评估报告界面

（7）一般情况下，需要先通过扩充数据量等方式优化模型效果，在模型效果较好时再进行校验。不过，本项目的主要目的为熟悉 EasyDL 的基本使用方法，所以此处先不优化模型，直接进行模型校验,测试模型的效果。单击图像分类模型管理界面左侧导航栏的"校验模型",再单击"启动模型校验服务"按钮，如图 7-48 所示，一般等待 2min 左右，即可进入校验模型界面。

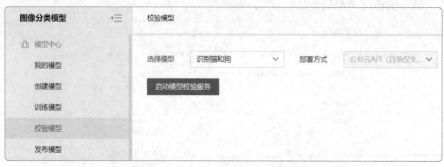

图 7-48　单击"启动模型校验服务"按钮

（8）单击"校验模型"界面中间的"点击添加图像"按钮，选择之前所下载的文件中的测试集，选择其中一张图像并打开，等待校验，如图 7-49 所示。

图 7-49　校验模型界面

（9）在校验模型界面中可以看到模型的识别结果，在界面右侧可以查看预测分类及其对应的置信度，如图 7-50 所示。这里可以看到，此处识别结果是正确的。以上就是 EasyDL 的人工智能应用的开发实现流程和步骤，后文会详细介绍其他模型的使用及相关知识。

图 7-50　模型的识别结果

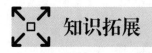

知识拓展

人工智能开放平台是集成了算法、算力与开发工具的平台，通过接口调用的形式使企业、个人开发者可高效使用平台中的人工智能功能，实现人工智能产品开发或人工智能应用。以 EasyDL 平台为例，个人可通过调用平台中的语音识别功能完成录音音频到文本的转换，个人开发者或企业可通过 API 实现某 App 语音输入功能。人工智能开放平台不仅降低了企业开发人工智能应用的成本，同时提升了效率，使人工智能功能得到快速部署且在不同行业中实现大规模应用。

课后实训

（1）深度学习模型定制平台不具备以下哪项功能？（　　）【单选题】

  A. 图像分割   B. 语音识别   C. 语音合成   D. 文本实体抽取

（2）深度学习模型定制平台支持哪些基础数据的处理？（　　）【多选题】

  A. 图像   B. 文本   C. 音频   D. 表格

（3）深度学习模型定制平台支持以下哪种模型部署方式？（　　）【单选题】

  A. 公有云   B. 本地设备端 C. 本地服务器 D. 以上都对

（4）以下哪项属于 EasyDL 图像分类模型的应用？（　　）【单选题】

  A. 审核直播场景中的抽烟等违规现象 B. App 内语音搜索关键词

  C. 客服投诉信息的自动分类   D. 保险理赔相关材料的快速录入

（5）关于深度学习模型定制平台，下列说法错误的是？（　　）【单选题】

  A. 基于 PaddlePaddle 深度学习框架所构建

  B. 仅支持对图像、文本、音频进行数据处理

  C. 预置多个高性能预训练模型，降低网络选型和设计成本

  D. 提供数据处理、模型训练、模型部署的一站式服务

项目8

深度学习模型定制平台模型训练

08

数据准备完成后，即可开展模型训练，此过程可通过深度学习模型定制平台进行，选择部署方式与算法，实现一键训练模型。模型训练完成后，可在线校验模型效果。

项目目标

（1）了解物体检测模型的应用场景。
（2）熟悉物体检测模型的训练结果。
（3）掌握物体检测模型的评估指标。
（4）能够使用EasyDL平台进行模型训练。

 项目描述

计算机视觉三大基本任务是图像分类、物体检测以及图像分割。图像分类是计算机视觉中基础的任务，指的是按照各自的特征，对各个图像进行归类。物体检测的实质是对目标进行分类和定位，它是在图像分类的基础上发展起来的一项深度学习技术，物体检测在这三大任务中扮演着"承上启下"的角色。而图像分割则是在物体检测的基础上再进行像素级别的分类。读者若掌握了物体检测技术的原理和应用，那么图像分类技术也就基本掌握了，这为后面的图像分割学习和应用奠定扎实的基础。

本项目会基于 EasyDL 平台，创建物体检测模型，并使用在项目 4 的项目实施中所导入的数据集进行训练。通过本项目，读者可掌握利用 EasyDL 平台训练模型的方式。

知识准备

8.1 物体检测模型的应用场景

物体检测技术的应用非常广泛，以下简要介绍物体检测模型的3种应用场景。

8.1.1 视频图像监控

视频图像监控是安全防范系统的重要组成部分，因其结果直观、准确、及时以及信息内容丰富而广泛应用于许多场合。如今的监控系统可以实现对视频图像实时观看、录入、回放、调出及存储等操作；通过物体检测等智能技术，还可以对画面中所需要监控的物体进行检测，实现生产环境安全监控、超市防损监控、货物状态监控等应用。

（1）生产环境安全监控

生产环境安全监控是指对生产环境现场进行的安全性监控，如对是否出现挖掘机等外部隐患物体、工人是否佩戴安全帽、工人是否穿工作服等进行检测，以辅助人工判断安全隐患并及时预警，保证生产环境的安全。

如图8-1所示，输电线路附近的安全性检测需要检测是否存在挖掘机、吊车等外部隐患物体。

图8-1　生产环境安全监控示例

（2）超市防损监控

超市防损监控是指通过安装在超市结算台下方的摄像头采集购物车图像，对这些图像进行数据标注和训练，构建超市防损监控模型，对图像中购物车下层是否有未结算的商品进行实时监测。

如图8-2所示，安装摄像头拍摄视频对购物车下层进行识别，可将其识别并归类为携带商品的购物车、没有携带商品的购物车等。

图8-2　超市防损监控示例

（3）货物状态监控

货物状态监控是指根据实际业务场景安装摄像头，采用定时抓拍或视频抽帧的方式，自动判断货物状态，以提升业务运营、货品管理效率。

如图 8-3 所示，智能监控货船调运公司的船只上货品状态为有货或无货。

图 8-3　货物状态监控示例

8.1.2　工业生产质检

质量检测简称质检，指的是检查和验证产品或服务质量是否符合有关规定的活动。在传统工业流程中，质检主要是由人工使用放大镜、显微镜等多种工具选取亮度、颜色、尺寸、形状等特征及其参数来设计判断规则并进行产品质量检查、产品分拣。这种方法不仅人力成本较高、效率较低，而且准确性也会受到影响。因此，智能化的工业生产质检方式具有重要意义。

（1）产品组装合格性检查

在流水线作业中，项目开发者需要列举组合型产品可能存在的不合格情况，并采集对应情况的图像，进行数据标注和模型训练，从而训练出能自动判断产品组装合格或不合格的模型，用于辅助人工判断产品质量。

如图 8-4 所示，对于键盘生产，对键盘组装情况进行分类识别，判断是否组装错误。

图 8-4　产品组装合格性检查示例

（2）瑕疵检测

瑕疵检测，指针对原始图像或基于光学成像的图像进行瑕疵标注和训练，将模型集成在检测器或流水线中，辅助人工提升质检效率、降低成本。

图 8-5 所示为瑕疵检测在训练好的模型中能够针对地板质检的常见问题，如虫眼、毛面等进行识别。

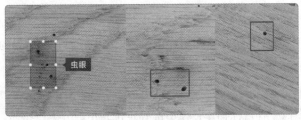

图 8-5　瑕疵检测示例

8.1.3 专业领域研究

专业领域如医疗、交通、建筑等领域中，往往只有拥有相应的专业知识的人才才能够进行相应的研究和判断，而利用物体检测技术，则能够实现对碎片化、专业化的信息进行整理、分析，可将专业领域的知识"释放"，能在一定程度上减轻专业人才不足的压力。

（1）医疗镜检识别

针对医疗检验场景，采集所需检测的图像并进行训练，从而得到物体检测模型，可协助医生高效完成结果判断。

如图 8-6 所示，训练好的模型能够根据寄生虫卵镜检图像进行识别，判断虫卵类型。

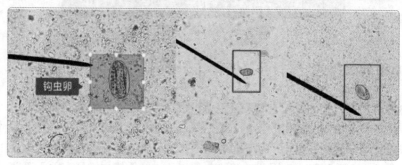

图 8-6 医疗镜检识别示例

（2）培训

采集相关的专业图像并进行数据标注和训练，将模型集成在公司内部使用的培训软件中，配合详细的图像介绍信息，方便公司内部员工通过拍照识图功能快速了解相关业务。

如图 8-7 所示，在内部培训软件中，若员工拍照并上传车辆零部件的图像，软件则会进行检测和识别并返回结果，帮助公司内部员工快速了解车辆组成结构。

图 8-7 培训示例

8.2 物体检测模型的训练结果

图像分类的训练结果只有两种：正确识别和误识别。物体检测模型的训练结果除了正确识别和误识别，还有漏识别。接下来将具体介绍物体检测模型的 3 种训练结果的含义。

8.2.1 正确识别

正确识别指的是图像中有目标物体，模型准确定位并正确分类该物体。物体检测模型一般通过交并比（Intersection over Union，IoU）来判断是否准确预测目标物体。

交并比指的是模型检测结果的矩形框与样本的真实标注结果的矩形框的交集与并集的比值，IoU 示例如图 8-8 所示。

图 8-8　IoU 示例

图 8-8 中框 A 为模型检测结果，框 B 为样本的真实标注结果，A 与 B 相交的区域即 A 与 B 的交集 A∩B，而 A 与 B 共有的区域即 A 与 B 的并集 A∪B，那么 IoU 的计算公式即 IoU=(A∩B)/(A∪B)，如图 8-9 所示。

一般情况下，对矩形框的判定都会存在一个阈值，也就是 IoU 的阈值。阈值又叫临界值，是指一个效应能够产生的最低值或最高值。对矩形框的判定，一般可以设置：当 IoU 的值大于 0.5，则认为检测到目标物体。

图 8-9　IoU 计算公式示意

8.2.2　误识别

误识别指的是图像中没有目标物体，但模型识别到了目标物体。

出现误识别的问题后，可以观察误识别出的目标物体有什么共性。例如，一个检测电动车的模型，把很多自行车误识别成了电动车（因为电动车和自行车外观比较相似）。这时，就需要在训练集中为自行车特别建立一个标签，并且在所有训练集图像中，将自行车标注出来。

8.2.3　漏识别

漏识别指的是图像中有目标物体，但模型没能识别出目标物体。

出现漏识别的问题后，可以观察漏识别的目标物体有什么共性。例如，一个检测会议室参会人数的模型，漏识别了图像中出现的白色人种。这大概是因为训练集中缺少白色人种的标注数据。因此，需要在训练集中添加包含白色人种的图像，并将白色人种标注出来。由于黄色人种和白色人种在外貌上的差别是比较明显的，若数据集中大部分的训练数据都标注的是黄色人种，模型也很可能识别不出白色人种。因此，需要增加白色人种的标注数据，让模型学习到黄色人种和白色人种都属于"参会人员"这个标签。

在上述例子中，主要是在识别错误的图像中找到了目标物体的共性，即均漏识别了白色人种，从而得到了相应的解决方案。除此之外，还可以观察识别错误的图像在其他维度上是否有共性，如图像的拍摄设备、拍摄角度、亮度、背景等。

8.3 物体检测模型的评估指标

在人工智能领域，机器学习的效果需要用各种指标来评估。当一个物体检测模型建立好之后，即模型训练已经完成，就可以利用这个模型进行分类识别。那么该如何评估这个模型的性能呢？在了解物体检测模型的评估指标之前，先来了解 P、N、T、F 4 个符号的含义，如表 8-1 所示。

表8-1　P、N、T、F 符号的含义

符号	含义
P（Positive）	预测值为正样本，记为 P
N（Negative）	预测值为反样本，记为 N
T（True）	预测值与真实值相同，记为 T
F（False）	预测值与真实值不同，记为 F

根据上述内容可知 TP、TN、FP、FN符号的含义，如表 8-2 所示。

表8-2　TP、TN、FP、FN符号的含义

符号	含义
TP	预测值和真实值一样，预测值为正样本（真实值为正样本）
TN	预测值和真实值一样，预测值为负样本（真实值为负样本）
FP	预测值和真实值不一样，预测值为正样本（真实值为负样本）
FN	预测值和真实值不一样，预测值为负样本（真实值为正样本）

了解了以上符号的含义之后，接下来来了解以下几个物体检测模型的评估指标。

8.3.1　准确率

准确率（accuracy）是常见的评估指标，准确率是指预测正确的样本数量与所有样本数量的比值。一般来说，准确率越高，分类器效果越好。准确率的计算公式如下。

$$accuracy = \frac{TP+TN}{TP+TN+FP+FN}$$

式中的 TP+TN 表示被正确预测为正样本的数量与被正确预测为负样本的数量的总和，TP+TN+FP+FN 表示总样本的数量。

8.3.2　精确率

精确率（precision）是从预测结果的角度来统计的，指在所有预测为正样本的样本中，实际为正样本的样本的比例，即"找得对"的比例，计算公式如下。

$$precision = \frac{TP}{TP+FP}$$

式中的 TP+FP 表示所有的预测为正样本的数量，TP 表示预测正确的正样本数量。

8.3.3　召回率

召回率（recall）和真正类率（True Positive Rate，TPR）是同样的概念，指在所有正样本中

预测正确的比例，即模型正确预测了多少个正样本，即"找得全"的比例，计算公式如下。

$$\text{recall=TPR=}\frac{\text{TP}}{\text{TP+FN}}$$

式中的 TP+FN 表示所有真实值为正样本的数据，而 TP 表示被正确预测的正样本数量。

8.3.4 假正类率

假正类率（False Positive Rate，FPR）指在所有的负样本中被错误地预测为正样本的样本数量与所有负样本的数量的比值，这个值往往越小越好，计算公式如下。

$$\text{FPR=}\frac{\text{FP}}{\text{FP+TN}}$$

式中的 FP+TN 表示实际样本中所有负样本的总量，而 FP 则是指被预测为正样本的负样本数量。

8.3.5 F1 分数

F1 分数（F1-score）是分类问题的衡量指标，统筹了分类模型的精确率和召回率，它认为召回率和精确率同等重要。在一些多分类问题的机器学习比赛中，经常把 F1- 分数作为最终测评的衡量指标。

可以把 F1 分数当作模型精确率和召回率的调和平均数，最大值为 1，最小值为 0，计算公式如下。

$$\text{F1=}\frac{\text{2TP}}{\text{2TP+FP+FN}}$$

此外还有 F2 分数和 F0.5 分数。F2 分数认为召回率的重要程度是精确率的 2 倍，而 F0.5 分数认为召回率的重要程度是精确率的一半。

F1 分数、F2 分数和 F0.5 分数的主要区别在于精确率和召回率的权重不同，根据不同的需求，可以自定义精确率和召回率的权重，相应的 Fβ 的计算公式如下。

$$\text{F}\beta\text{=}\frac{(1+\beta^2)\times\text{precision}\times\text{recall}}{\beta^2\times\text{precision+recall}}$$

8.3.6 平均精度

在了解平均精度（mean Average Precision，mAP）之前，先来了解 PR 曲线（Precision Recall curve）。模型每次预测样本时都计算出当前的召回率和精确率，并以召回率为横轴，以精确率为纵轴，即可绘制出 PR 曲线，如图 8-10 所示。

PR 曲线能够直观地反映模型性能，从图 8-10 可以看出，如果模型的精确率越高、召回率越高，那么模型的性能越好，即 PR 曲线下方的面积越大，模型的性能越好。绘制时，需要设定不同的分类阈值来获得对应的坐标，最后画出曲线。

PR 曲线反映了模型在精确率和召回率之间的"权衡"。PR 曲线的缺点是对正负样本分布比较敏感，会因为正负样本比例的变化而变化。如果测试集的正负样本比例不同，那么 PR 曲线的变化就会非常大。

在 PR 曲线图上，PR 曲线下方的面积就表示平均准确率（Average Precision，AP），是对不

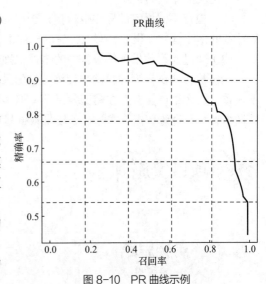

图 8-10 PR 曲线示例

同召回率点上的准确率进行平均。AP 的值越大，则说明模型的平均准确率越高。

mAP 是物体检测算法中衡量算法效果的指标。对于物体检测任务，每一类目标都可以计算出其精确率和召回率，在不同阈值下多次计算后，每一类都可以得到一条 PR 曲线。

mAP 是针对整个数据集的，AP 是针对数据集中某一个类别的，而精确率和召回率是针对单张图像的某一类别的。

8.4 EasyDL 训练物体检测模型的基本流程

EasyDL 训练物体检测模型的基本流程如图 8-11 所示，全程为可视化操作，使用方法较为简单。在数据已经准备好的情况下，最快 15min 即可获得定制模型。

01	02	03	04
创建模型	上传并标注数据	训练模型并校验效果	上线模型获取API

图 8-11 EasyDL 训练物体检测模型的基本流程

第 1 步，创建模型。确定模型名称，记录希望模型实现的功能。

第 2 步，上传并标注数据。上传数据后，在数据中标注出需要检测的具体目标。

第 3 步，训练模型并校验效果。选择部署方式与算法，用上传的数据一键训练模型；模型训练完后，可在线校验模型效果。

第 4 步，上线模型获取 API，即发布模型。根据训练时选择的部署方式，将模型以云端 API、设备端 SDK 等方式进行发布与使用。

若在第 3 步中发现物体检测模型的效果不佳，则可以按照以下几个方面进行检查和优化，训练出更好的模型。

（1）检查是否存在训练数据过少的情况，建议每类标签含有 50 个以上的样本，如果低于这个数量建议扩充数据集。

（2）检查不同标签的标注框数量是否均衡，建议不同标签的标注框数量的量级相同，如果有的标签的标注框数量很多，有的标签的标注框数量很少，则会影响模型整体的识别效果。

（3）通过模型效果评估报告中的错误识别示例，有针对性地扩充训练数据。

（4）检查测试模型的数据与训练数据的采集来源是否一致，如果设备不一致或者采集的环境不一致，那么很可能会存在模型效果不错但实际测试效果较差的情况。针对这种情况建议重新调整训练集，使训练数据与实际业务场景数据尽可能一致。

 项目实施

8.5 实施思路

基于项目描述与知识准备的内容，我们了解了物体检测的应用场景、预测结果和模型评估指

标，现在回归 EasyDL 平台，介绍如何通过 2D 边界框标注进行安全帽佩戴检测项目的模型训练应用。本项目将通过以下步骤进行。

（1）创建物体检测模型。

（2）添加模型训练任务。

（3）查看模型评估报告。

（4）校验物体检测模型。

8.6　实施步骤

步骤 1：创建物体检测模型

前面已经完成了安全帽佩戴检测项目的数据导入、数据处理及数据标注，接下来需要通过以下步骤，在 EasyDL 平台上创建物体检测模型。

（1）登录人工智能交互式在线实训及算法校验系统，进入本项目的实验环境。单击控制台中"AI 平台实验"的百度 EasyDL 的"启动"按钮，进入 EasyDL 平台。

（2）单击"立即使用"按钮，在弹出的"选择模型类型"对话框中选择"物体检测"选项，进入登录界面，输入账号和密码。

（3）进入物体检测模型管理界面后，在左侧的导航栏中，单击"我的模型"，再单击"创建模型"按钮，如图 8-12 所示，进入信息填写界面。

图 8-12　单击"创建模型"按钮

（4）在"模型名称"一栏输入"安全帽佩戴检测"，在"模型归属"一栏选择"个人"，并输入个人的邮箱地址和联系方式，在"功能描述"一栏输入该模型的作用，该栏需要输入多于 10 个字符但不能超过 500 个字符的内容，如图 8-13 所示。

（5）信息填写完成后，单击"下一步"按钮即创建成功。单击物体检测模型管理界面左侧导航栏的"我的模型"即可看到所创建的模型。在该平台上，单个用户在每种类型的模型下最多可创建 10 个模型，各模型均支持多次训练，模型列表如图 8-14 所示。

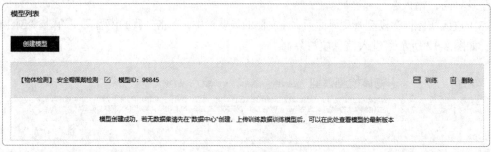

图 8-13　创建模型界面

图 8-14　模型列表

步骤 2：添加模型训练任务

完成物体检测模型的创建后，接下来通过以下步骤设置模型训练的相关信息并进行模型训练。

（1）在所创建的安全帽佩戴检测模型右侧，单击"训练"按钮，进入设置界面。

（2）在"部署方式"一栏选择"公有云部署"。在"选择算法"一栏可根据个人需要进行选择，超高精度算法的模型精度最高，但模型体积大；高精度算法的模型精度较高，但模型体积大，预测性能介于超高精度算法和高性能算法之间；高性能算法则拥有更佳的预测性能，但模型精度有所降低。此处选择"超高精度"，如图 8-15 所示。

图 8-15　设置训练配置

（3）将"高级训练配置"设置为"OFF"，一般情况下建议不做更改，如果实际任务场景有需求，再根据实际情况进行调整。此处可以设置输入图像分辨率和epoch。

• 输入图像分辨率：可以根据具体应用场景选择输入图像分辨率，如物体检测任务中，检测目标较小，就可适当增加输入图像分辨率，以增强检测目标在数据层面的特性。推荐值为该类算法任务输入图像分辨率的普遍最优值，但是可能存在高输入图像分辨率的模型在部分本地设备上不适配的情况。输入图像分辨率的设置如图8-16所示。

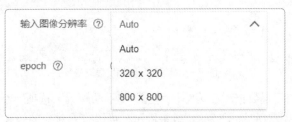

图8-16 设置图像分辨率

• epoch：指训练集完整参与训练的次数。如有训练集较大，模型训练不充分，模型精度较低的情况，则可适当增加epoch的值，使模型训练更完整。选择"手动设置"选项，即可进行设置，如图8-17所示。

（4）在"添加训练数据"一栏，单击"+请选择"按钮，选择数据集，如图8-18所示。此处需先选择数据集，再按标签选择数据集里的图像，可从多个数据集中选择图像，也可以选择多个数据集的数据进行同时训练，若对多个数据集勾选了重复分类，则训练数据会默认合并。

图8-17 设置epoch

图8-18 添加训练数据

（5）此处选择"安全帽佩戴检测V6"，因为该模型的目的是检测现场人员是否佩戴安全帽，因此，此处只需勾选"person"和"hat"两个复选项，不需要勾选"dog"复选项，如图8-19所示。此处也可选择项目6中所标注的数据集V5进行训练。

图8-19 "选择标签数据集"对话框

（6）在“数据增强策略”一栏，选择“默认配置”选项，如图 8-20 所示。深度学习模型的成功很大程度上要归功于大量的标注数据集。通常来说，通过增加数据的数量和增强数据的多样性往往能改善模型的效果。当在实践中无法收集到数量庞大的高质量数据时，可以通过配置数据增强策略，对数据本身进行一定程度的扰动从而产生“新数据”。模型会通过学习大量的“新数据”，提高泛化能力。如果不需要特别配置数据增强策略，就可以选择默认配置。后台会根据所选择网络，默认配置必要的数据增强策略。

数据增强策略 ⑦：
默认配置
手动配置
根据所选网络，默认配置必要的数据增强策略。

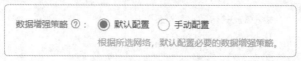

图 8-20　设置“数据增强策略”

（7）如果需要特别配置数据增强策略，可选择“手动配置”选项，在其下方的列表中了解并选择数据增强算子，单击对应算子旁的“效果展示”可以查看对应的效果，如图 8-21 所示。

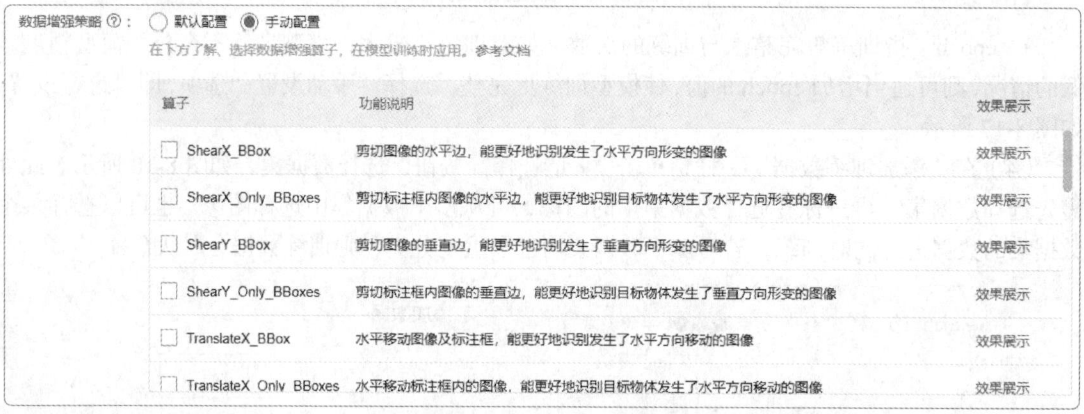

数据增强策略 ⑦：
默认配置
手动配置
在下方了解、选择数据增强算子，在模型训练时应用。参考文档
算子
功能说明
效果展示
ShearX_BBox
剪切图像的水平边，能更好地识别发生了水平方向形变的图像
效果展示
ShearX_Only_BBoxes
剪切标注框内图像的水平边，能更好地识别目标物体发生了水平方向形变的图像
效果展示
ShearY_BBox
剪切图像的垂直边，能更好地识别发生了垂直方向形变的图像
效果展示
ShearY_Only_BBoxes
剪切标注框内图像的垂直边，能更好地识别目标物体发生了垂直方向形变的图像
效果展示
TranslateX_BBox
水平移动图像及标注框，能更好地识别发生了水平方向移动的图像
效果展示
TranslateX_Only_BBoxes
水平移动标注框内的图像，能更好地识别目标物体发生了水平方向移动的图像
效果展示

图 8-21　手动设置“数据增强策略”

（8）在“训练环境”一栏选择“GPU P4”选项；设置完成后，单击“开始训练”按钮，开始训练，如图 8-22 所示。

训练环境：
名称
规格
GPU P4
TeslaGPU_P4_8G显存单卡_12核CPU_4
GPU P40
TeslaGPU_P40_24G显存单卡_12核CPU
GPU V100
TeslaGPU_V100_16G显存单卡_12核CP
开始训练

图 8-22　设置“训练环境”

（9）在模型列表界面，即可查看该模型的训练状态。单击“训练状态”-“训练中”旁的感叹号图标，可查看训练进度，还可以设置在模型训练完成后，发送短信至个人手机。若手机号设置有误，可单击手机号旁的编辑按钮，修改手机号。训练时间与数据量大小有关，本次训练大约需要 1h。

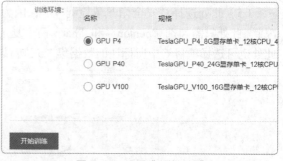

步骤 3：查看模型评估报告

模型训练完成后，可以通过以下步骤查看模型评估报告，了解安全帽佩戴检测模型的训练效果。

（1）在模型列表界面，可看到该模型的训练状态已更新为“训练完成”，并且在“模型效果”一栏可查看该模型的评估指标参数，这里可以看到参数数值较高，可见该模型的训练效果较好，如图 8-23 所示。

（2）单击"完整评估结果"，查看模型评估报告，如图 8-24 所示。若创建了多个训练任务，则可通过选择部署方式及版本，对训练任务进行筛选。在评估报告中，可以查看所训练的图像数、标签数及训练时长。

图 8-23　查看模型的评估指标参数　　　　　　图 8-24　查看模型评估报告

（3）从模型评估报告中可以看到模型训练的整体评估说明，包括基本结论、mAP、精确率、召回率，如图 8-25 所示。这部分模型效果的评估指标是基于训练集，随机抽出部分数据使其不参与训练仅参与模型效果评估计算得来的。所以当数据量较少（如图像数量低于 100）时，参与评估的数据可能不超过 30 个，这样得出的模型评估报告效果仅供参考，无法完全准确体现模型效果。从"整体评估"一栏可以看到基本结论为：安全帽佩戴检测 V1 效果优异，建议针对识别错误的图像示例继续优化模型效果。之后可以根据该建议优化模型效果。

整体评估

安全帽佩戴检测 V1 效果优异，建议针对识别错误的图像示例继续优化模型效果。如何优化效果？

mAP ⑦	精确率 ⑦	召回率 ⑦
86.2%	90.2%	84.9%

图 8-25　模型训练的整体评估说明

（4）在"详细评估"一栏，可查看不同阈值下 F1-score 的表现，如图 8-26 所示。在阈值为 0.6 时，F1-score 的值最大。单击曲线上的其他空白点，可查看不同阈值所对应的 F1-score 的值。基于该曲线，平台还建议将阈值设置为 0.6，在下一步进行校验模型时，则可以按照建议设置阈值为 0.6。

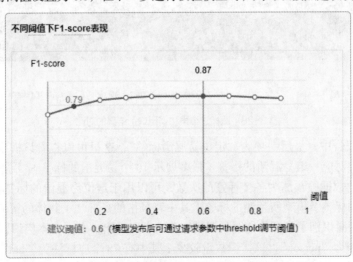

图 8-26　不同阈值下 F1-score 的表现

（5）在评估报告中还可查看不同标签的 mAP 及各标签下对应的被错误识别的图像，这里显示标签"person"的 AP 为 80%，标签"hat"的 AP 为 92%。选择标签"person"，在右侧"person 的错误结果示例"中，单击其中一张图像，即可查看错误详情，如图 8-27 所示。

图 8-27　不同标签的 mAP 及对应的识别错误的图像

（6）在错误详情界面，可以看到原标注结果和模型识别结果的对比，如图 8-28 所示，根据该界面左下角的图例颜色（绿色表示正常识别，红色表示误识别，橙色表示漏识别），即可区分识别结果。为了方便查看，可以在该界面右下角取消勾选"正确识别"复选项，只查看"误识别"和"漏识别"两类。在 AP 比较低，模型训练效果较差的情况下，可以通过比对这些识别错误的图像，找到目标的共性，并相应增加对应的数据或通过其他方式来修正模型。图 8-28中的标注框 A 属于漏识别。

图 8-28　原标注结果和模型识别结果的对比

（7）在评估报告中，最后一项为"定位易混淆标签"，这里可以查看该模型的混淆矩阵，每一个橙色的方格都对应一组易混淆的标签（最多展示 10 个易混淆的标签）。混淆矩阵展示了测试集中每个标签下的数据被预测为各个标签的次数，可以用于定位易混淆的标签。在混淆矩阵中，可以看到所标注的标签及模型所预测的标签，其中背景指的是标注了物体的区域被模型预测为图像的背景，即模型漏识别了目标物体。从混淆矩阵中可以看出，有 2 个本应识别为"hat"的目标物体被模型误识别为"person"，该错误数量较少；其中有 78 个应标注为"hat"标签的目标物体被模型误识别为"背景"标签，如图 8-29 所示。

（8）单击"定位易混淆标签"栏目右侧的"下载完整混淆矩阵"，下载扩展名为 .csv 的文件，用 Excel 即可打开查看，其中"[default]"代表背景。在标签数超过 10 个的时候，评估报告中的混淆矩阵无法完整显示，可以通过下载完整混淆矩阵进行查看，完整混淆矩阵文件如图 8-30 所示。

图 8-29 混淆矩阵

▲	A	B	C	D	E
1		person	hat	[default]	
2	person	151	16	59	
3	hat	2	707	78	
4					
5					

图 8-30 完整混淆矩阵文件

步骤 4：校验物体检测模型

基本了解模型训练效果后，可以通过以下步骤对模型进行校验，查看模型对于测试集的识别结果。

（1）单击物体检测模型管理界面左侧导航栏的"校验模型"，再单击"启动校验"按钮，等待 1 ～ 2 min 启动服务。

（2）启动服务后，进入校验模型界面，单击"单击添加图像"按钮，上传一张图像，图像可从测试集 val_img 中选取，如图 8-31 所示。该测试集保存在人工智能交互式在线实训及算法校验系统实验环境的 data 目录下。

图 8-31 校验模型界面

（3）根据评估报告中的建议，设置阈值为 0.6，单击蓝色标识框 B，查看模型预测标签，如图 8-32 所示。

（4）如果有误，则单击界面右下角的"纠正识别结果"按钮，将错误的图像保存在数据集中，方便后续在数据标注—未标注图像中重新标注，并继续训练优化效果，"纠正识别结果"对话框如图 8-33 所示。到此，EasyDL 平台模型训练应用已实现。

图 8-32　查看识别结果

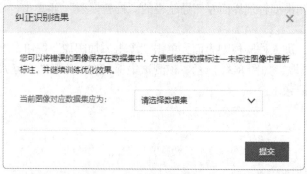

图 8-33　"纠正识别结果"对话框

知识拓展

　　深度学习中的物体检测模型有两个非常重要的性能指标，一个是 mAP，用于评估模型检测的精度；另一个就是 FPS，用于评估模型的推理速度。FPS 指的是模型 1s 能够检测多少张图像，不同的物体检测技术往往会有不同的 mAP 和 FPS。

　　实际生产环境对检测算法的精度、速度、体积等要求往往十分苛刻。例如，工业质检生产线上往往需要毫秒级别的图像检测精度，而为了确保使用厂商收益最大化，还需要尽量平衡硬件成本和性能。如果不计速度性能指标，只注重准确度表现的突破，其代价是会有更高的计算复杂度和更多内存需求。因此，如何在保持高检测精度的前提下，尽量提高检测速度、减小模型体积，是物体检测技术真正深入工业领域实际应用的关键。

课后实训

　　（1）"识别一张图中是否是某类物体/状态/场景"，该功能可通过以下哪类模型来实现？
（　　）【单选题】

　　　　A. 图像分类　　　　B. 物体检测　　　　C. 图像分割　　　　D. OCR 文字识别

（2）"检测图中每个目标的位置、轮廓、名称"，该功能可通过以下哪类模型来实现？（   ）
【单选题】

    A. 图像分类   B. 物体检测   C. 图像分割   D. OCR 文字识别

（3）以下哪类模型支持用多边形标注训练数据、像素级识别目标？（   ）【单选题】

    A. 图像分类   B. 物体检测   C. 图像分割   D. EasyDL OCR

（4）以下哪项不属于物体检测技术的应用？（   ）【单选题】

    A. 检测图像中医疗细胞的数量

    B. 检测图像里微小瑕疵的数量和位置

    C. 检测监控中是否有违规物体、行为出现

    D. 检测并提取企业经营许可证的关键信息

（5）在物体检测模型的评估指标中常会用到一些符号，以下哪项是符号 TP 的含义？（   ）
【单选题】

    A. 预测值和真实值一样，预测值为正样本

    B. 预测值和真实值一样，预测值为负样本

    C. 预测值和真实值不一样，预测值为正样本

    D. 预测值和真实值不一样，预测值为负样本

项目9

深度学习模型定制平台 模型部署

09

模型部署指的是使训练的模型持久化，然后运行服务器加载模型，并提供API或其他形式的服务接口，方便开发者进行调用。针对不同的应用场景，部署方式一般包括服务器部署、端侧设备部署等。

项目目标

（1）掌握基于工程应用的深度学习模型部署流程。
（2）熟悉深度学习模型定制平台的部署方法。
（3）能够使用深度学习模型定制平台对所训练的模型进行部署。

▷ 项目描述

随着机器学习和人工智能在实际生活场景中的广泛应用，越来越多的工具和平台开始支持快速、高效地把训练好的模型部署到生产环境中。

本项目将基于 EasyDL 平台，对项目 8 中所训练得到的安全帽检测模型申请发布模型、配置发布信息，并使用百度 AI 开发平台创建安全帽检测应用，获取应用相关数据和信息，最后通过调用 API 运行安全帽检测应用，并将运行结果进行可视化。具体的实现流程如图 9-1 所示。

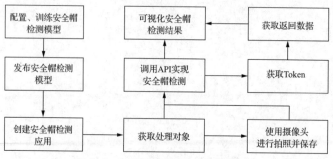

图 9-1 安全帽检测模型 API 部署流程

知识准备

9.1 深度学习模型部署流程

深度学习模型的部署流程大致可分为以下 5 个步骤。

（1）确定架构。

（2）编译模型。

（3）训练模型。

（4）评估预测。

（5）模型部署。

首先需要根据深度学习的目标来确定架构，如图像分类、物体检测、图像分割、人脸识别、目标检测、聊天机器人等。确定架构之后需对模型进行编译，在深度学习中，编译的要求是配置模型，以便成功完成训练。成功定义整体架构并完成编译后，通过训练集训练模型，借助训练功能，可以确定训练周期的数量、输入数据、输出数据、验证数据等重要参数。

评估深度学习模型是检验所构建的模型是否能够按预期工作的一个十分重要的步骤，评估深度学习模型的一个主要方法是，确保模型对数据进行预处理时，会将分割出来的测试数据所做的预测也考虑在内，以验证训练模型的有效性。除测试数据外，还必须用可变数据和随机测试对模型进行测试，以查看其对于未经训练的数据的有效性，以及验证其性能、效率是否符合预期要求。

部署阶段是构建任何模型的最后一步。成功完成模型构建之后，可以进行模型部署，将完成的模型投入应用或者其他系统中，提供给用户进行使用。该阶段需要考虑模型的使用场景、部署方式、部署设备等问题，选择合适的模型部署方式。

9.2 深度学习模型定制平台的部署方法

目前 EasyDL 提供的模型部署方法包括公有云 API 部署、本地服务器部署、通用小型设备部署、软硬一体方案部署。针对不同类型的深度学习模型，EasyDL 提供的部署方法不同，以下对部分不同类型的深度学习模型的部署方法进行说明。

9.2.1 图像类模型部署方法

图像类模型包括图像分类模型、物体检测模型和图像分割模型，其中图像分类模型和物体检测模型适用于表 9-1 中的所有部署方法，而图像分割模型部署不适用于软硬一体方案模型。具体部署方法及说明如表 9-1 所示。

表9-1　图像类模型部署方法及说明

方法	说明
公有云 API 部署	训练完的模型存储在云端，可通过独立 REST API 调用模型，实现人工智能功能与业务系统或硬件设备的整合；具有完善的鉴权等安全机制，GPU 集群稳定承载高并发请求；支持查找云端模型以识别错误的数据，能做到纠正结果并将其加入模型迭代的训练集，从而不断优化模型效果

方法	说明
本地服务器部署	可将训练完成的模型部署在私有 CPU/GPU 服务器上，支持服务器 API 和服务器 SDK 两种集成方式；可在内网 / 无网环境下使用模型，以确保数据的隐私性
通用小型设备部署	训练完成的模型被打包成适配智能硬件的 SDK，可进行设备端离线计算；满足推理阶段数据敏感性要求、更快的响应速度要求；支持 iOS、Android、Linux、Windows 这 4 种操作系统，基础接口封装完善，满足灵活地对应用侧进行二次开发的要求
软硬一体方案部署	服务器和包括其他数据中心基础设施设备在内的高性能硬件以及与模型深度适配的软件结合，多种方案可选。构建终端、操作系统、应用和服务一体化的生态系统，让离线人工智能落地更轻松

9.2.2　文本类模型部署方法

文本类模型包括文本分类 - 单标签模型、文本分类 - 多标签模型、文本实体抽取模型、文本实体关系抽取模型、情感倾向分析模型以及短文本相似度模型等，具体部署方法及说明如表 9-2 所示。

表9-2　文本类模型部署方法及说明

方法	说明
公有云 API 部署	为了更方便企业用户一站式实现人工智能模型应用，文本类模型支持将模型发布成在线的 RESTful API，可以使用指定方法通过 HTTP 请求的方式进行调用，并能快速集成以在业务中进行使用；具有完善的鉴权、流控等安全机制，GPU 集群稳定承载高并发请求
私有服务器部署	可将训练完的模型部署在私有 CPU/GPU 服务器上，支持私有 API 和服务器 SDK 两种集成方式；可在内网 / 无网环境下使用模型，以确保数据的隐私性

9.3　人工智能边缘开发设备及摄像头

在本项目中，主要使用人工智能边缘开发设备安装配置的摄像头，人工智能边缘开发设备摄像头的连接器兼容经济实惠的 MIPI CSI 连接器，OpenCV 库是 Python 用于视觉领域的第三方库，可实现包括调用摄像头、对图像进行读取与修改等操作，本项目主要利用 OpenCV 库调用摄像头拍摄图像，获取到的图像将用于最后的模型预测。

人工智能边缘开发设备 2GB 开发套件的尺寸仅为 80mm×100mm，具有 1 个 USB 3.0 Type A 接口、2 个 USB 2.0 Type A 接口、USB 2.0 Micro-B 接口、1 个高清多媒体接口（High-Definition Multimedia Interface，HDMI）、1 个 40 针接头连接器、1 个 12 针接头连接器（电源和相关信号，UART）、1 个 4 针风扇接头连接器、1 个 MIPI CSI-2 连接器、1 个吉比特以太网接口、支持 802.11ac 5GHz 无线通信协议。

人工智能边缘开发设备可以使用通用的 USB-C 电源供电，但不支持 USB-C 供电协议。这意味着可以使用通用的 USB-C 电源，但是由于没有进行电源协商，所使用的电源都将退回到提供 5V、3A 的电源。人工智能边缘开发设备可以运行各种各样的高级网络，包括流行的机器学习框架的完整原生版本，如 TensorFlow、PyTorch、Caffe/Caffe2、Keras、MXNet 等。

而在本项目中，将使用公有云 API 部署方法，把训练好的安全帽检测模型通过 API 进行相关部署，同时如果具备人工智能边缘开发设备套件，可使用人工智能边缘开发设备摄像头进行拍照并调用 API 进行预测，实现预测结果的可视化。

项目实施

9.4　实施思路

基于项目描述以及知识准备内容的学习，读者应该已经对模型部署的相关方法及流程有了一定了解。接下来将使用项目 8 中已经训练好的安全帽检测模型，申请发布模型并配置发布信息，在百度 AI 开发平台创建安全帽检测应用，获取应用相关数据和信息。并且，安装人工智能边缘开发设备摄像头，使用 OpenCV 库调用摄像头拍取图像用于后续检测，最后将检测结果可视化，结果将为佩戴安全帽或未佩戴安全帽，分别对应标签"hat"和"Person"。本项目需要通过以下步骤进行。

（1）发布安全帽检测模型。

（2）创建安全帽检测应用。

（3）调用 API 实现安全帽检测。

（4）可视化安全帽检测结果。

（5）人工智能边缘开发设备 API 检测。

9.5　实施步骤

步骤 1：发布安全帽检测模型

（1）由于在项目 8 中已将安全帽检测模型训练完成，因此现在直接进入 EasyDL 平台，在"我的模型"标签页找到已训练完成的安全帽检测模型，单击"申请发布"按钮即可跳转到模型发布界面，如图 9-2 所示。

图 9-2　单击"申请发布"

（2）在模型发布界面，在"选择模型"一栏选择"安全帽检测"，在"部署方式"一栏选择"公有云部署"，在"选择版本"一栏选择"V1"，在"服务名称"一栏填写"safety_hat_detection"，在"接口地址"一栏填写"safety_hat_detection"。服务名称和接口地址可根据自己需求自定义填写，接口地址将用于后续 API 请求时使用，但本项目为安全帽检测，因此服务名称和接口地址建议统一填写为"safety_hat_detection"，以方便记忆。填写完成后，单击"提交申请"按钮，等待审核即可，如图 9-3 所示。注意：申请发布后，通常的审核周期为 1～2 天。

（3）模型审核通过并发布完成后，可以在"我的模型"标签页看到"服务状态"一栏显示为"已发布"，如图 9-4 所示。

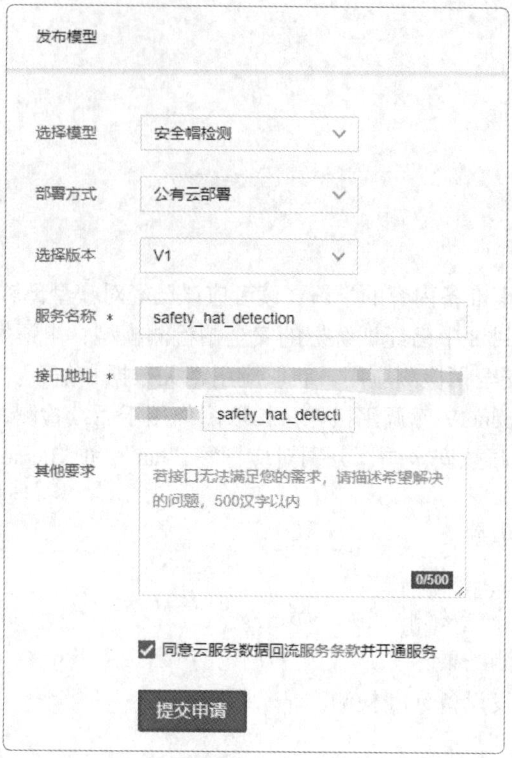

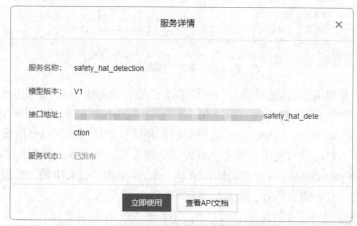

图 9-3　提交发布申请

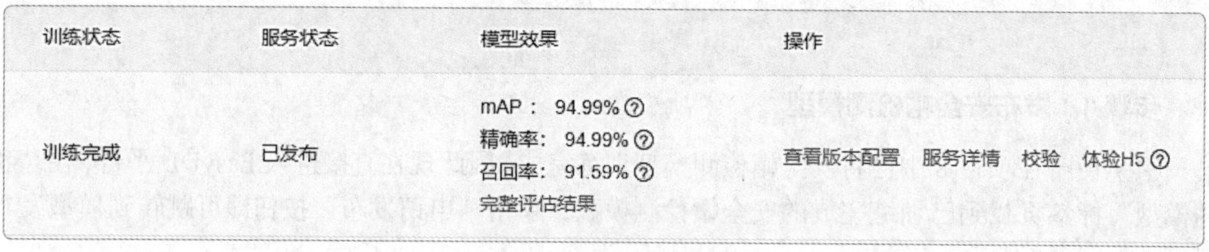

训练状态	服务状态	模型效果	操作
训练完成	已发布	mAP： 94.99% ⑦ 精确率： 94.99% ⑦ 召回率： 91.59% ⑦ 完整评估结果	查看版本配置　服务详情　校验　体验H5 ⑦

图 9-4　服务状态

（4）单击"服务详情"可以查看模型发布的详细信息，包括服务名称、模型版本、接口地址以及服务状态，如图 9-5 所示。

图 9-5　模型发布的详细信息

步骤2：创建安全帽检测应用

（1）在"服务详情"对话框中，单击"立即使用"按钮跳转至百度智能云界面，使用百度账号登录。

（2）登录完成之后，页面会跳转至"EasyDL 图像"–"应用列表"界面，单击"＋创建应用"按钮来创建一个应用，如图 9-6 所示。

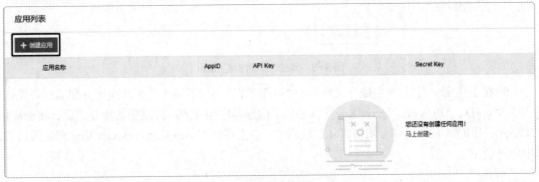

图 9-6　创建应用

（3）跳转至创建新应用界面后，在"应用名称"一栏填写"safety_hat_detection"，应用名称也可根据自己需求填写，但为了方便后续操作，建议统一填写为"safety_hat_detection"，在"接口选择"一栏已经默认勾选 EasyDL 以及 BML 的全部功能，注意 EasyDL 图像相关服务已默认勾选并不可取消，如图 9-7 所示。而在实际的工程应用中，可以根据具体需求对应勾选其他功能对应的选项，如语音技术、人脸识别等。

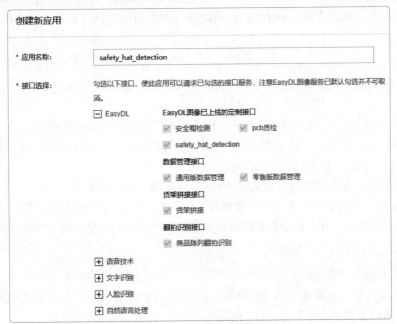

图 9-7　创建新应用

（4）在"应用归属"一栏选择"个人"，在"应用描述"一栏写入应用描述或用途，此项为必填项，输入内容字数要求在 500 字以内，填写完成之后单击"立即创建"按钮即可完成应用创建，如图 9-8 所示。

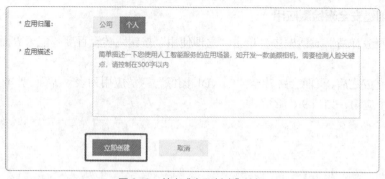

图 9-8　单击"立即创建"按钮

（5）在创建完应用后，在左侧导航栏单击"应用列表"可以看到平台为此应用分配了相关凭证，主要为 AppID、API Key、Secret Key。以上 3 个信息是应用在实际开发中的主要凭证，每个应用的信息各不相同，在后续编写调用 API 的代码时，会主要使用 API Key 和 Secret Key 来发送请求，如图 9-9 所示。

应用名称	AppID	API Key	Secret Key
safety_hat_detection	23978898	pbFYsGkqTVdO9xBM0s6gydhZ	******* 显示

图 9-9　相关凭证

步骤 3：调用 API 实现安全帽检测

应用创建完成之后，需要调用百度 API 来实现安全帽检测。这需要通过 Python 访问百度云网站获取相关信息，因此需要用到 requests 模块进行网络访问，可以通过以下代码将 requests 模块导入。

```
import requests
```

在调用 API 时需要授权认证，即获取 Token 认证。在计算机系统中，拥有 Token 就代表拥有某种权限。

为了获取 Token 认证，需要通过 requests 向百度云发送申请 Token 的请求。

此处以 post 的形式发送请求信息，信息包括请求统一资源标识符（Uniform Resource Identifier，URI）、请求消息头与请求消息体。

（1）请求 URI。请求 URI 指发送请求的对象，即百度云的对应网址。

打开浏览器，在搜索框中输入"百度鉴权认证机制"并搜索，在搜索结果中找到目标链接，单击链接进入相应页面，在页面中找到授权服务地址，将其复制并粘贴到下述代码中。

```
# 设置用于请求 Token 的请求 URI
TOKEN_URL = '授权服务地址'
```

（2）请求消息头。附加请求消息头字段，如指定的 URI 和 HTTP 方法所要求的字段。此处需要设置消息体的类型（格式）为 JSON 格式。

```
# 设置请求消息头
headers={
    "Content-Type": "application/json"
    }
```

（3）请求消息体。请求消息体通常以结构化格式发出，与请求消息头中的 Content-Type 对应，传递除请求消息头之外的内容。若请求消息体中的参数支持中文字符，则中文字符必须采用 UTF-8 编码。

此处需要通过请求消息体设置请求参数，在请求 Token 的申请中需要填写百度云的账号、密码等。图像检测的 API_KEY 以及 SECRET_KEY 可以从步骤 2 中的应用的相关信息中获取，并将获取得到的信息填写在以下代码中。

```
# 输入图像检测的 API Key
API_KEY = ' 输入你的 API Key'

# 输入图像检测的 Secret Key
SECRET_KEY = ' 输入你的 Secret Key'

# 设置请求消息体
params = {
        'grant_type': 'client_credentials',
        'client_id': API_KEY,
        'client_secret': SECRET_KEY
        }
```

接着通过 requests 的 post() 请求函数发送请求信息，并提取响应信息中的 JSON 信息。

```
# encoding:utf-8
s = requests.session()
s.keep_alive = False    # 关闭多余连接
# 发送 post() 请求函数
response = requests.post(url = TOKEN_URL,data = params,headers = headers)

print(response)

if response:
  print(response.json())
```

调用百度 API 主要需要的是 access_token，因此需要从 Token 信息中提取 access_token。

```
# 提取 JSON 信息的 access_token
Token = response.json()['access_token']

# 查看 access_token
print(Token)
```

获取到 access_token 之后，就可以通过以下方法调用百度 API 实现安全帽检测。

（1）请求 URI。调用安全帽检测 API 的请求 URI 为步骤 1 中发布模型时所填写的接口地址，需要通过步骤 1 获取对应的接口地址并将其填写到下述代码中。

由于需要进行密钥认证，因此还需要添加 Token 密钥作为请求 URI 的参数进行认证。

```
# 设置用于调用安全帽检测 API 的请求 URI
request_url = " 你的接口地址 "

# 为请求 URI 添加 access_token 参数
request_url = request_url + "?access_token=" + Token
```

（2）请求消息头。附加请求消息头字段，如指定的 URI 和 HTTP 方法所要求的字段。此处同样需要设置消息体的类型（格式）为 JSON 格式。

```
# 设置请求消息头
headers={
    "Content-Type": "application/json"
    }
```

（3）请求消息体。此处需要通过请求消息体设置请求参数，调用安全帽检测 API 的请求消息体参数如表 9-3 所示。

参数	是否必选	类型	说明
image	是	string	图像数据，采用 base64 编码，要求 base64 编码后图像大小不超过 4MB，最短边至少为 15px，最长边最多为 4096px，支持 JPG、PNG、BMP 格式
threshold	否	number	默认值为推荐阈值，请在"我的模型列表"-"模型效果"查看推荐阈值

接下来需要读取所拍摄的待预测图像，用于后续预测。在实训平台上的 data 文件夹下已经准备了一张文件名为"safety_hat_dete.jpg"的待预测图像。由于请求消息体要求传给服务器的图像数据必须采用 base64 编码，因此需要先将图像数据转换为 base64 格式。

```
import base64
# 设置图像读取路径
img_path ='data/safety_hat_dete.jpg'

with open(img_path, 'rb') as f:
    image_data = f.read()
    base64_data = base64.b64encode(image_data)    # 将图像转换为 base64 格式
    s = base64_data.decode('UTF8')   # 重新编码数据

# base64_data
```

得到图像数据的 base64 编码后，便能设置请求消息体。

```
import json
params = {"image": s}
params = json.dumps(params)
```

接着发送请求信息，并提取响应信息中的 JSON 信息。

```
# encoding:utf-8
response = requests.post(request_url, data=params, headers=headers)
```

```
print(response)

if response:
    print (response.json())
```

提取返回数据，输出 results 数据结果。

```
data = response.json()
# 输出结果
print(data['results'])
```

步骤 4：可视化安全帽检测结果

将读取到的待预测图像，通过调用 API 进行预测之后，通过以下代码将运行结果可视化。

（1）导入所需库。

```
import cv2
import matplotlib.pyplot as plt
```

（2）使用 cv2.imread() 函数读取待预测的原图像。

```
img = cv2.imread(img_path)
```

（3）使用 cv2.rectangle() 函数绘制矩形框，使用 cv2.putText() 写入相应的结果，其中 cv2.rectangle() 对应的参数格式为 cv2.rectangle(图像 ,(矩形框左上角 x1 的值 , 矩形框左上角 y1 的值),(矩形框右下角 x2 的值 , 矩形框右下角 y2 的值), 矩形框 RGB 颜色 , 矩形框边框粗细)。注意，若将矩形框边框粗细值设为负值，则默认填充整个矩形框。cv2.putText() 对应的参数格式为 cv2.putText(图像对象 , 文本 ,px, 字体 , 字体大小 , 颜色 , 字体粗细)。

```
for i in range(len(data['results'])):
    x1 = data['results'][i]['location']['height']
    y1 = data['results'][i]['location']['left']
    x2 = data['results'][i]['location']['top']
    y2 = data['results'][i]['location']['width']
    # 设置字体
    font = cv2.FONT_HERSHEY_DUPLEX
    # 当结果为 person 时用红色框标出
    if data['results'][i]['name'] == 'person':
        cv2.rectangle(img,(y1, x2), (y1+y2, x2+x1), (0,0,255), 2)
        # 图像对象、文本、px、字体、字体大小、颜色、字体粗细
        cv2.putText(img, data['results'][i]['name'], (y1, x2), font, 0.8, (0, 0, 255), 1,)
    # 当结果为 hat 时用蓝色框标出
    elif data['results'][i]['name'] == 'hat':
        cv2.rectangle(img,(y1, x2), (y1+y2, x2+x1), (255,0,0), 2)
        cv2.putText(img, data['results'][i]['name'], (y1, x2), font, 0.8, (255, 0, 0), 1,)
```

可以根据自己的实际需求，考虑使用 cv2.imwrite() 函数，在函数中指定图像对象和保存路径，将图像进行保存，示例代码如下。

```
# cv2.imwrite( 进行保存的图像名称 , 需要保存的图像对象 )
cv2.imwrite('1.jpg',img)
```

（4）使用 matplotlib.pyplot 将结果可视化，代码如下，预测结果如图 9-10 所示。

```
plt.axis('off') # 去掉坐标轴
plt.imshow(img[:,:,::-1]) # 显示图像
```

图 9-10　预测结果

步骤 5：人工智能边缘开发设备 API 检测

上述步骤完成后，若拥有人工智能边缘开发设备，可以参考《人工智能边缘设备应用》一书，使用人工智能边缘开发设备配置的摄像头，拍摄图像并将其保存到指定路径下，通过调用 API 进行安全帽检测，对检测结果进行可视化，具体实现步骤如下。

（1）在完成好摄像头安装及调试的前提下，调整好摄像头的角度，使用浏览器打开网址 192.168.55.1:8888/lab 进入人工智能边缘开发设备的 JupyterLab 平台，创建一个新的 Notebook，将以下代码复制到 Notebook 中并运行。以下为调用摄像头拍照并保存图像的步骤及代码。

① 导入所需库，若导入不成功可使用"pip install [库名]"命令进行相应库的安装。

```
# 导入 cv2 库
import cv2
from jetcam.utils import bgr8_to_jpeg
import traitlets
import ipywidgets.widgets as widgets
from IPython.display import display
```

② cv2 库导入完成之后，为了让摄像头所拍摄的图像能在 Jupyter Notebook 中显示，需要先使用 bgr8_to_jpeg() 函数，将摄像头读取的图像转换为 Jupyter Notebook 可视化的 jpg 格式对象，并调用 widgets.Image() 函数设置图像对象，并设置其宽为 640px、高为 480px，接着使用 display() 函数将图像显示出来。

```
def bgr8_to_jpeg(value, quality=90):
    return bytes(cv2.imencode('.jpg', value)[1]) # 转换为 JPG 格式对象
image = widgets.Image(format='jpeg', width=640, height=480) # 设置图像宽、高
display(image) # 显示图像
```

③ 接下来调用摄像头对图像进行拍照。可以使用 while 无限循环抓取摄像头拍摄的图像，在输入框中按"Enter"键即可实现摄像头图像的读取和保存，使用 cv2.imwrite() 函数将图像数据保存为指定的 JPG 格式。图像可根据自己需求命名，不做强制要求，此处将图像命名为"safety_hat_dete.jpg"并保存到 /home/dlinano/projects/images 路径文件夹下。

```
# 调用摄像头
dispW = 640
dispH = 480
flip = 4
camSet='nvarguscamerasrc ! video/x-raw(memory:NVMM), width=3264,
height=2464, format=NV12, framerate=21/1 ! nvvidconv flip-method='+str(flip)+' ! video/
x-raw, width='+str(dispW)+', height='+str(dispH)+', format=BGRx ! videoconvert ! video/x-raw,
format=BGR ! appsink'
cap = cv2.VideoCapture(camSet)
while True:
    # 读取摄像头
    ret, frame = cap.read()
    image.value = bgr8_to_jpeg(frame)
    # 保存图像
    cv2.imwrite('/home/dlinano/projects/images/safety_hat_dete.jpg', frame)
    choice = input('按《Enter》键拍照并退出：')
    if choice == '':
        break
```

需要注意的是，由于此处使用的是 while 循环，需要直接在输入框中按"Enter"键进行拍照，while 循环代码块正常退出，若在输入框中输入其他任何字符，则程序无法结束，并且无法进行拍照与保存。若拍摄效果较差，可通过调整摄像头，重复运行上述代码进行拍照与保存。

（2）使用人工智能边缘开发设备摄像头拍照并保存图像之后，可使用步骤 3 和步骤 4 中的代码实现 API 预测及结果可视化，主要修改对应的 API_KEY、SECRET_KEY 以及图像保存路径即可，API_KEY 和 SECRET_KEY 可通过步骤 2 获取，完整代码如下。

① 获取 Token 的代码。

```
import requests

# 设置用于请求 Token 的请求 URI
TOKEN_URL = ' 授权服务地址 '

# 设置请求消息头
headers={
    "Content-Type": "application/json"
    }

# 输入图像检测的 API Key
API_KEY = ' 输入你的 API Key'
```

```
# 输入图像检测的 Secret Key
SECRET_KEY = '输入你的 Secret Key'

# 设置请求消息体
params = {
        'grant_type': 'client_credentials',
        'client_id': API_KEY,
        'client_secret': SECRET_KEY
        }

# encoding:utf-8
s = requests.session()
s.keep_alive = False    # 关闭多余连接
# 发送 post() 请求函数
response = requests.post(url = TOKEN_URL,data = params,headers = headers)

print(response)

if response:
  print(response.json())

# 提取 JSON 信息的 access_token
Token = response.json()['access_token']

# 查看 access_token
print(Token)
```

② 调用 API 实现预测的代码。

```
# 设置用于调用安全帽检测 API 的请求 URI
request_url = " 你的接口地址 "

# 为请求 URI 添加 access_token 参数
request_url = request_url + "?access_token=" + Token

# 设置请求消息头
headers={
    "Content-Type": "application/json"
    }

import base64
# 设置图像读取路径
img_path = '/home/dlinano/projects/images/safety_hat_dete.jpg'
```

```
with open(img_path, 'rb') as f:
    image_data = f.read()
    base64_data = base64.b64encode(image_data)    # 将图像转换为 base64 格式
    s = base64_data.decode('UTF8')    # 重新编码数据

# base64_data

import json
params = {"image": s}
params = json.dumps(params)

response = requests.post(request_url, data=params, headers=headers)

print(response)

if response:
    print (response.json())

data = response.json()
# 输出结果
print(data['results'])
```

③ 实现检测结果可视化的代码。

```
import cv2
import matplotlib.pyplot as plt

img = cv2.imread(img_path)

for i in range(len(data['results'])):
    x1 = data['results'][i]['location']['height']
    y1 = data['results'][i]['location']['left']
    x2 = data['results'][i]['location']['top']
    y2 = data['results'][i]['location']['width']
    # 设置字体
    font = cv2.FONT_HERSHEY_DUPLEX
    # 当结果为 person 时用红色框标出
    if data['results'][i]['name'] == 'person':
        cv2.rectangle(img,(y1, x2), (y1+y2, x2+x1), (0,0,255), 2)
        # 图像对象、文本、px、字体、字体大小、颜色、字体粗细
        cv2.putText(img, data['results'][i]['name'], (y1, x2), font, 0.8, (0, 0, 255), 1,)
    # 当结果为 hat 时用蓝色框标出
    elif data['results'][i]['name'] == 'hat':
```

```
cv2.rectangle(img,(y1, x2), (y1+y2, x2+x1), (255,0,0), 2)
cv2.putText(img, data['results'][i]['name'], (y1, x2), font, 0.8, (255, 0, 0), 1,)

plt.axis('off') # 去掉坐标轴
plt.imshow(img[:,:,::-1])   # 显示图像
```

知识拓展

在百度 AI 开发平台上创建应用时，需要获取应用相关的数据和信息，下面介绍如何获取数据和信息以及相关的注意事项。

9.6 获取 Access Token

百度 API 开放平台使用 OAuth 2.0 授权调用开放 API，调用 API 时必须在 URL 中带上 access_token 参数，获取 Access Token 的流程如下。

（1）向授权服务地址发送请求（推荐使用 post），并在统一资源定位符（Uniform Resource Locator，URL）中带上以下参数。

- grant_type：必选参数，固定为 client_credentials。
- client_id：必选参数，为应用的 API Key。
- client_secret：必选参数，为应用的 Secret Key。

（2）服务器返回的 JSON 文本参数如下。

- access_token：要获取的 Access Token。
- expires_in：Access Token 的有效期（一般为 1 个月）。

其他参数忽略，暂时不用。

例子如下。

```
{
     'refresh_token': '25.d44ba584825bd8977b323052df7f755e.315360000.1933660810.282335-23975602',
     'expires_in': 2592000,
     'session_key': '9mzdXUdVECLavuVF2NhqyiapKpUxaSv7djjxA8NJWeG0v7dJj+rbbCPta3oRuoRJdyXOFFZxGxllVFYq+lpFMAe72qiwbw==',
     'access_token': '24.f3005347c527927d46d42005bd291e2b.2592000.1620892810.282335-23975602',
     'session_secret': '258f9f1adfe7fc88d878cf69d66396a5'
}
```

（3）若请求错误，服务器返回的 JSON 文本包含以下参数。

- error：错误码；关于错误码的详细信息请参考下方鉴权认证错误码。
- error_description：错误描述信息，帮助理解和解决出现的错误。

认证失败返回的例子如下。

```
{
    "error": "invalid_client",
    "error_description": "unknown client id"
}
```

（4）根据返回的参数，鉴权认证错误码，下面通过表9-4对相关错误码及错误信息进行解释说明。

表9-4　获取Access Token返回错误码和错误描述信息的解释

error（错误码）	error_description（错误描述信息）	解释
invalid_client	unknown client id	API Key 不正确
invalid_client	client authentication failed	Secret Key 不正确

9.7　API 请求返回参数

在调用百度 API 运行安全帽检测应用的过程中，可以对请求返回的参数进行说明，如表 9-5 所示。

表9-5　API请求返回参数说明

参数	是否必选	类型	说明
log_id	是	number	唯一的 log ID，用于问题定位
results	否	array(object)	识别结果数组
+name	否	string	分类名称
+score	否	number	置信度
+location	否	object	无
++left	否	number	检测到的目标主体区域到图像左边界的距离
++top	否	number	检测到的目标主体区域到图像上边界的距离
++width	否	number	检测到的目标主体区域的宽度
++height	否	number	检测到的目标主体区域的高度

9.8　错误码

如果在 API 请求过程中发生错误，那么服务器返回的 JSON 文本包含以下参数。

· error_code：错误码。
· error_msg：描述错误信息，帮助理解和解决出现的错误。

例如，Access Token 失效返回，代码如下。

```
{
    "error_code": 110,
    "error_msg": "Access token invalid or no longer valid"
}
```

需要重新获取新的 Access Token，再次请求即可。

有关错误码和错误信息的说明如表 9-6 所示。

表9-6　API请求失败返回的错误码和错误信息的说明

错误码	错误信息	说明
1	Unknown error	服务器内部错误，请再次请求，如果持续出现此类错误，可在百度云控制台内提交工单进行反馈
2	Service temporarily unavailable	服务暂不可用，请再次请求，如果持续出现此类错误，可在百度云控制台内提交工单进行反馈
3	Unsupported open api method	调用的 API 不存在，请检查后重新尝试
4	Open api request limit reached	集群超限额
6	No permission to access data	无权限访问该用户数据
13	Get service token failed	获取 Token 失败
14	IAM Certification failed	IAM 鉴权失败
15	App not exsits or create failed	应用不存在或者创建失败
17	Open api daily request limit reached	每天请求量超限额，对于已上线计费的接口，请直接在控制台开通计费，调用量不受限制，按调用量进行阶梯计费；对于未上线计费的接口，可在百度云控制台内提交工单进行反馈
18	Open api qps request limit reached	每秒查询率（Queries-per-second，QPS）超限额，对于已上线计费的接口，请直接在控制台开通计费，调用量不受限制，按调用量进行阶梯计费；对于未上线计费的接口，可在百度云控制台内提交工单进行反馈
19	Open api total request limit reached	请求总量超限额，对于已上线计费的接口，请直接在控制台开通计费，调用量不受限制，按调用量进行阶梯计费；对于未上线计费的接口，可在百度云控制台内提交工单进行反馈
100	Invalid parameter	无效的 access_token 参数，请检查后重新尝试
110	Access token invalid or no longer valid	access_token 无效
111	Access token expired	access_token 过期
336000	Internal error	服务器内部错误，请再次请求，如果持续出现此类错误，可在百度云控制台内提交工单进行反馈
336001	Invalid Argument	入参格式有误，比如缺少必要参数、图像 base64 编码错误等，可检查图像编码、代码格式是否有误。有疑问可在百度云控制台内提交工单进行反馈
336002	Invalid JSON	入参格式或调用方式有误，比如缺少必要参数或代码格式有误。有疑问可在百度云控制台内提交工单进行反馈
336003	Invalid BASE64	图像 / 音频 / 文本格式有误或 base64 编码有误，请根据接口文档检查格式，base64 编码请求时注意要去掉头部。有疑问可在百度云控制台内提交工单进行反馈
336004	Invalid input size	图像超出大小限制，图像大小限制为 4MB 以内，请根据接口文档检查入参格式，有疑问可在百度云控制台内提交工单进行反馈
336005	Failed decoding input	图像编码错误（非 JPG、PNG、BMP 等常见图像格式），请检查并修改图像格式
336006	Missing required parameter	Image 参数缺失（未上传图像）

错误码	错误信息	说明
336100	model temporarily unavailable	遇到该错误码等待 1min 后再次请求，即可恢复正常，若多次重试依然报错或有疑问则可在百度云控制台内提交工单进行反馈

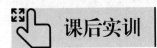 课后实训

（1）在请求 access_token 中若返回 unknown client id 表示何种意义？（　　）【单选题】

    A．API Key 可用但无法返回　　　　　　　B．API Key 不正确

    C．Secret Key 可用但无法返回　　　　　　D．Secret Key 不正确

（2）以下哪项为 API 请求过程中 API 不存在的错误码？（　　）【单选题】

    A．1　　　　　　　　B．2　　　　　　　　C．3　　　　　　　　D．4

（3）通用小型设备部署包括哪几种操作系统？（　　）【多选题】

    A．iOS　　　　　　B．Android　　　　　C．Linux　　　　　D．Windows

（4）以下哪项为图像类模型部署方法？（　　）【多选题】

    A．公有云 API 部署　　　　　　　　　　　B．服务器部署

    C．通用小型设备部署　　　　　　　　　　D．软硬一体方案部署

（5）以下哪项为文本类模型部署方法？（　　）【多选题】

    A．公有云 API 部署　　　　　　　　　　　B．服务器部署

    C．通用小型设备部署　　　　　　　　　　D．软硬一体方案部署

第4篇
深度学习综合应用

在第3篇中，我们已经学习了深度学习模型定制平台入门使用、模型训练和模型部署方面的知识，掌握了深度学习模型定制平台的基本使用方法，了解了深度学习模型定制平台图像类模型的分类，并且能够使用深度学习模型定制平台进行模型训练，以及对所训练的模型进行部署。

在本篇中，我们将学习深度学习开发平台视觉任务应用、深度学习开发平台文本任务应用以及深度学习开发平台声音任务应用，了解工业质检、文本分类以及噪声分类的行业背景，熟悉智能工业质检、智能文本分类、智能声音分类的流程，最终实现使用深度学习模型定制平台训练对应的智能模型。

项目 10

深度学习开发平台视觉任务应用

10

随着科学发展进程的加快，质量安全理念备受关注，我国质量检测认证工作得到全社会的普遍重视和积极推动，这对质检行业带来了前所未有的发展机遇，相关产业市场容量不断扩大。

项目目标

（1）了解工业质检的行业背景。
（2）熟悉智能工业质检的流程。
（3）掌握使用深度学习模型定制平台训练智能工业质检模型的方法。

项目描述

随着新一代信息技术加速拥抱千行百业，智能制造正在多领域多场景落地开花，推进新型工业化，再加上各项政策的大力扶持、质量安全理念的加深，这极大地"刺激"了业界对质量检测行业的需求。新兴产业的规模持续扩大对质量检测行业的技术水平提出了更高的要求。因为目前的机器在很多方面无法超越人眼的视觉能力，所以质量检查市场中使用机器视觉进行质检的覆盖率还很小，但随着人工智能技术的快速发展以及我国对于先进制造业的重视，人工智能检测公司有了更多的发展机会。

在工业质检方面，人工智能技术发挥着极大的作用，为提高工业生产效率及改善生产质量带来了极大的便利。质量检测行业要实现突破性发展就必须充分运用互联网思维和技术，树立自动化、智能化的意识，结合物联网、大数据、云计算、区块链、人工智能等新技术和新概念，拥抱跨界融合创新的"检验检测大时代"，从而实现人工智能、互联网、质量检测三者的有机融合，并衍生出新的价值，进而促进质量检测行业的长远发展。

在本项目中，将基于 EasyDL 完成印制电路板（Printed Circuit Board，PCB）瑕疵检测模型的创建及训练任务，PCB 瑕疵检测模型创建流程如图 10-1 所示。

图 10-1　PCB 瑕疵检测模型创建流程

知识准备

10.1　工业质检行业背景

工业质检是现代制造业不可或缺的流程。当前工业质检主要有人工质检和机器视觉质检两种方式，其中人工质检约占 90%，机器视觉质检约占 10%。传统的人工质检方式主要是通过人眼识别对产品进行检测，这种方式效率低、准确率低，并且成本较高，生产数据无法有效留存。根据数据显示，我国每天进行目视检查的人员超过 350 万人，其中仅 3C 产品（计算机类、通信类和消费类电子产品）行业的就超过了 150 万人。在生产线上的质检人员需要花费大量的时间去观察以及判断工业零件的质量好坏，这不仅会损害员工的视力，还存在质检速度低以及稳定性差等问题，从而对检测效率和质量造成严重的影响。

这种现状催生出以新一代人工智能、机器视觉技术为主导的工业质检设备。与人工质检相比，机器视觉质检具有许多优点，如质检效率高、检测结果客观、生产数据可利用等。如表 10-1 所示，机器视觉质检的质检范围、质检效率、客观性、利用价值方面均优于人工质检。

表10-1　人工质检与机器视觉质检对比

	人工质检	机器视觉质检
质检范围	传统客服中心质检抽检量占总量的 2%	100% 覆盖所有语音
质检效率	每人每天最高抽检 6～8h	日处理语音量可达 1000h 的人工处理语音量
客观性	容易漏判语音中存在的问题	设定模板打分，差错率低
数据利用价值	没有通过系统化手段去挖掘海量数据中的价值	可通过热点分析、聚类分析、分类分析等方法，挖掘数据价值

机器视觉技术的引入可以让质量检测的准确率和效率获得巨大的提升，而目前主要的难题在于如何构建行之有效的自动化机器视觉系统，以减少成本和时间去进行定制化开发和验证；以及如何优化系统的通用性，提高系统在不同生产线上的普及使用率。在许多传统制造企业中，机器视觉系统的应用还有很大的发展空间。

10.2　智能工业质检流程

随着人工智能以及计算机机器视觉等技术的持续发展，它们在工业质检等方面的应用正在逐渐深入。当前人工智能行业的工业质检流程大致会经过图 10-2 所示工业质检的一般流程。

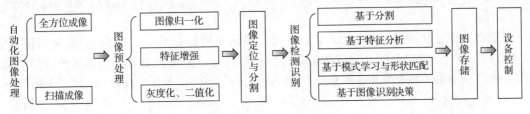

图 10-2　工业质检的一般流程

（1）自动化图像处理：使用电子仪器设备打开摄像头，实现全方位成像或者扫描成像。

（2）图像预处理：对帧图像进行预处理，采用图像归一化、特征增强、灰度化和二值化等方法。实际质检中可能还需要进行图像矫正、生态学处理，以达到更好的处理效果。

（3）图像定位与分割：分割帧图像，定位并识别缺陷。

（4）图像检测识别：通过基于分割、基于特征分析、基于模式学习与形状匹配、基于图像识别决策等方式识别符合要求的图像。

（5）图像存储：保存符合要求的图像。

（6）设备控制：在实际应用中，一般会根据质检结果调用工业控制系统进行相应的产品分流，把不合格的产品发送到复检区域，把合格产品发送到下一道工序涉及的区域。

10.3　工业质检行业应用

如今，人工智能正在不断地推动工业生产、仓储、决策、质检等多个环节的智能化转型，比如在生产车间，一个个机器人手脚利索地工作，多台智能仓储机器在仓库自动进行搬运、分拣、上架、盘点等工作。

在工业自动化甚至智能化的生产过程中，连续大批量生产的每个制作过程中都存在一定的次品率，单独看也许微乎其微，但将各次品率相乘后可能会成为厂商难以提高优良率的瓶颈，在经过完整的制作过程后再剔除次品，成本会高很多。因此，及时通过工业质检并剔除次品，对于品质控制和成本把控非常重要，是制造业升级的重要基石之一。接下来介绍其在实际生产中的应用。

在工业质检行业中，喷油器阀座瑕疵检测日均需求量是 4000 ～ 6000 件，峰值为 12000 件，目前只能通过传统的人工肉眼来进行判断。但提升质检的审核效率是众多生产工厂的核心诉求，而人工智能技术可以帮助生产工厂在工业质检方面提高质检效率。

可利用 PaddlePaddle 深度学习平台构建的 EasyDL 零门槛人工智能开发平台，根据质检目标，筛选出标准的样品集，并对模型进行反复训练，将训练完的模型进行软硬件实施部署，实现自动化方案，通过自动化系统上传每次采集待测的样品图像后，实时上传已通过的识别模型进行判断，再返回相应的处理结果，最后由自动化系统将样品进行分类流转，实现零件瑕疵判断无人化，将检验效率整体提高 30%。

项目实施

10.4　实施思路

　　基于项目描述和知识准备的内容，已经对工业质检流程有了一定的了解，本项目将基于 EasyDL 使用 VOC 格式的 PCB 瑕疵数据集进行模型训练，实现 PCB 不同的瑕疵类型的检测。本次质检的 PCB 瑕疵数据集中主要包括"missing_hole""mouse_bite""opencircuit""short""spur""spurious_copper"6 种瑕疵类型，分别对应"缺失""鼠咬""开路""短路""毛刺""假铜"，接下来将介绍使用百度人工智能开发平台 EasyDL 经过以下步骤来实现工业质检 PCB 板瑕疵检测。

　　（1）创建 PCB 瑕疵检测模型。

　　（2）创建 PCB 数据集。

　　（3）导入 PCB 数据集。

　　（4）添加配置模型训练任务。

　　（5）查看模型完整评估结果。

　　（6）校验 PCB 瑕疵检测模型。

10.5　实施步骤

步骤 1：创建 PCB 瑕疵检测模型

　　经过前面的学习我们已经知道了工业质检的基本流程，接下来按照创建模型 - 创建数据集 - 导入数据集 - 配置训练任务 - 查看评估报告 - 校验模型的流程来进行本项目。首先，需要通过以下步骤来创建物体检测模型。

　　（1）登录人工智能交互式在线实训及算法校验系统，进入本项目的实验环境。单击控制台中"AI 平台实验"的百度 EasyDL 的"启动"按钮，进入 EasyDL 平台。单击"立即使用"按钮，在弹出的"选择模型类型"对话框中选择"物体检测"，进入登录界面，输入账号和密码。

　　（2）进入物体检测模型界面后，单击左侧导航栏的"创建模型"，进入创建模型界面，如图 10-3 所示，在"模型名称"一栏输入"PCB 瑕疵检测"，在"模型归属"一栏选择"个人"并完善信息，分别填写邮箱地址和联系方式，在"功能描述"一栏输入该模型的作用，该栏需要输入多于 10 个字符但不能超过 500 个字符的内容。填完信息后单击"下一步"按钮即可完成模型创建。

　　（3）创建完模型之后，可以在"我的模型"中看到刚刚创建好的 PCB 瑕疵检测模型，如图 10-4 所示。

步骤 2：创建 PCB 数据集

　　下面，需要在 EasyDL 平台创建数据集，将带有标注信息的 PCB 瑕疵数据集导入所创建的数据集，导入完成之后查看数据集的相关信息，具体需要经过以下步骤。

图 10-3 创建模型界面

图 10-4 查看模型

（1）单击左侧导航栏中的"数据总览"，单击"创建数据集"按钮，填写数据集信息。在"数据集名称"一栏输入"PCB 数据集"，由于物体检测中的标注数据都是由矩形框标注的，因此"标注模板"一栏会默认选择"矩形框标注"，填写完之后单击"完成"按钮即可完成数据集创建，如图 10-5 所示。

图 10-5 完成数据集创建

（2）创建完数据集之后可以在"数据总览"中看到创建好的数据集，由于本项目使用的是VOC格式的数据集，即文件夹目录中应包括images文件夹和Annotations文件夹，其中images文件夹只包含图像文件，Annotations文件夹中包括images文件中图像对应的XML文件。XML文件中包含图像名称、图像尺寸、矩形框坐标、目标物类别、遮挡程度和辨别难度等信息，文档目录结构如下。

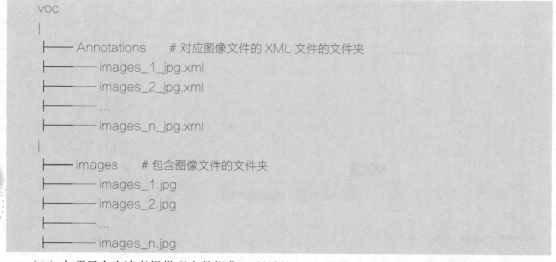

（3）本项目会为读者提供现有数据集，所需的VOC格式的PCB瑕疵数据集保存在实训平台实验环境的data目录下，文件名为"voc.zip"，选中文件单击"download"按钮将其下载至本地即可。

步骤3：导入PCB数据集

（1）下载完数据集之后，在数据总览界面找到所创建的PCB数据集，如图10-6所示。单击"导入"跳转到数据集导入页面。

图10-6　单击"导入"

（2）在图10-7所示的数据集导入界面中可以看到该数据集的相关信息，包括版本号、数据总量、标签个数、已标注个数等。在"数据标注状态"一栏选择"有标注信息"，在"导入方式"一栏选择"本地导入"-"上传压缩包"，在"标注格式"一栏选择"xml（特指voc）"选项，并单击"上传压缩包"按钮，如图10-7所示。

（3）单击"上传压缩包"按钮后，可查看压缩包上传要求。注意，这里仅支持ZIP格式，并不支持RAR、7-ZIP等格式，且压缩包大小要在5GB以内，由于是VOC格式的数据集压缩包，因此压缩包中只需包含images和Annotations两个文件夹，其中两个文件夹分别包括不重名图像源文件（JPG/PNG/BMP/JPEG格式）及与图像具有相同名称的对应标注文件（XML格式）。单击"已阅读并上传"按钮上传压缩包文件。需要注意的是，每个账户图像数据集的大小限制为10万张。

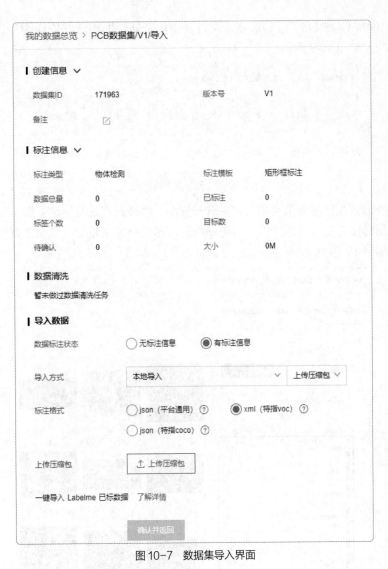

图 10-7　数据集导入界面

（4）选择下载的 VOC 格式的数据集压缩包并上传，等待压缩包文件下面的进度条消失即可，在压缩包上传过程中须保持网络稳定，切勿关闭或刷新页面，否则会导致上传失败。压缩包上传完成后，单击"确认并返回"按钮，如图 10-8 所示。

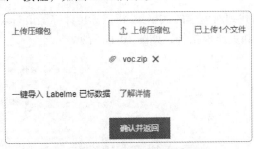

图 10-8　单击"确认并返回"按钮

（5）单击"确认"之后会回退到数据总览界面，此时可以看到该数据集的最新导入状态为"导入中"，标注状态为"0%（0/0）"。数据集上传完成后，可以看到最新导入状态已更新为"已完成"，标注状态为"100%（445/445）"，即表示原文件夹中的全部数据均已上传且 445 个图像与标注文件信息一一对应，如图 10-9 所示。

图 10-9　数据集上传完成

（6）若想查看数据标注效果可单击"查看与标注"跳转到查看与标注界面，在查看与标注界面可以看到数据标注完之后的标签以及对应图像，可通过单击左侧标签名筛选查看不同标注类型的图像数据，如图 10-10 所示。

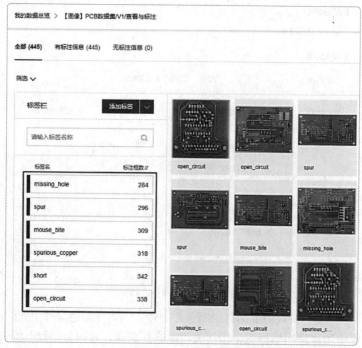

图 10-10　查看不同标注类型的图像数据

（7）在模型总览界面，找到所创建的数据集，将鼠标指针移至最右端的"…"处，单击"质检报告"可查看 PCB 数据集的相关质检报告，如图 10-11 所示。

图 10-11　单击"质检报告"

（8）在质检报告界面可以看到数据的相关信息，包括数据版本、数据集大小、图像数量、破损图像数量、色彩分布空间饼状图和图像大小分布图等。根据相关图示可以看出本次所采用的数据集图像全部为 RGB 通道的，图像大小在 1.31 ～ 1.64MB 的最多，根据其他图示还可得出其他的相关信息，"质检报告"界面如图 10-12 所示。

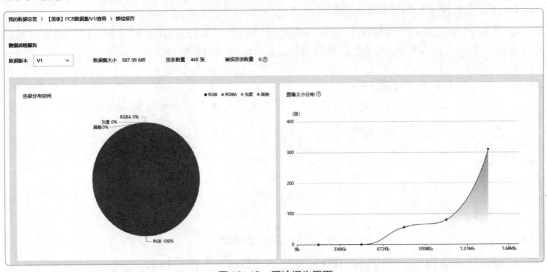

图 10-12　质检报告界面

步骤 4：添加配置模型训练任务

数据集创建并导入完成之后，接下来就可以使用导入的数据对模型进行训练，通过 EasyDL 对模型设置相关参数即可开始模型训练，具体需要经过以下步骤。

（1）单击"我的模型"跳转至模型列表界面，单击"训练"跳转到训练模型界面。

（2）在训练模型界面中，在"选择模型"一栏选择"PCB 瑕疵检测"选项，"训练配置"中的"部署方式"一栏默认选择"公有云部署"，在"选择算法"一栏选择"超高精度"，"高级训练配置"默认为关闭状态，如图 10-13 所示。在实际工程应用中，可以根据具体需求设置部署方式、算法以及高级训练配置。

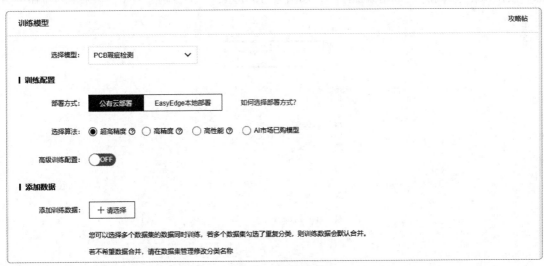

图 10-13　训练配置

① 算法：可根据实际需要选择超高精度、高精度或高性能算法。

· 超高精度算法：模型精度最高，但模型体积大，预测速度较慢。

- 高精度算法：模型精度较高，但模型体积大，预测性能介于超高精度算法和高性能算法之间。
- 高性能算法：拥有更佳的预测性能，但模型精度有所降低。

② 高级训练配置：一般情况下建议不做更改，如果实际任务场景有需求，再根据实际情况进行调整。此处可以设置输入图像分辨率和 epoch，如图 10-14 所示。

图 10-14　高级训练配置

- 输入图像分辨率：可以根据具体应用场景选择输入图像分辨率，如物体检测任务中，检测目标较小，就可适当增加输入图像分辨率，以增强检测目标在数据层面的特性。推荐值为该类算法任务输入图像分辨率的普遍最优值，但是可能存在高输入图像分辨率的模型在部分本地设备上不适配的情况。

- epoch：指训练集完整参与训练的次数。如有训练集较大，模型训练不充分，模型精度较低的情况，则可适当增加 epoch 的值，使模型训练更完整。选择"手动设置"，即可进行设置，如图 10-15 所示。

图 10-15　设置 epoch

（3）在"添加训练数据"一栏，单击"＋请选择"按钮，在弹出的对话框中选择自己创建和导入的数据集，将 6 个瑕疵类型标签复选项全部勾选，单击"添加"按钮，会弹出相应的成功添加字样，如图 10-16 所示，添加成功之后单击"取消"按钮关闭对话框。

图 10-16　添加数据

（4）添加完数据之后若能在训练模型界面中查看到所选数据集、版本以及对应的标签数量，则表示数据添加完成，继续完成后续训练配置。使用数据增强策略，可以提升训练数据的质量，进而训练出准确率更高的模型，此处选择"默认配置"即可，如果实际工程应用所需则可选择"手动配置"。在"训练环境"一栏默认选择"GPU P4"选项，选择完成之后，单击"开始训练"按钮即可开始训练模型，如图 10-17 所示。

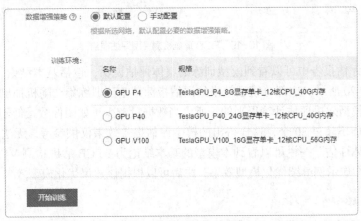

图 10-17　开始训练模型

（5）单击"开始训练"按钮后会跳转到模型列表界面，训练时间与数据量大小有关，445 张图像大概需要训练 0.5h，请耐心等待。训练过程中可单击"训练状态"-"训练中"旁的感叹号图标查看训练进度，训练完成之后，EasyDL 平台会通过之前填入的手机号发送短信提醒，若手机号有误或想修改手机号可以直接单击手机号旁边的编辑按钮进行修改。

步骤 5：查看模型完整评估结果

模型训练完成后，可以通过查看模型的完整评估结果，来了解训练完的模型的效果，具体需要经过以下步骤。

（1）模型训练完成后，可以看到模型的训练状态已更新为"训练完成"，在"模型效果"一栏可看到模型的 mAP、精确率和召回率，如图 10-18 所示，单击"完整评估结果"可以查看模型的评估报告。

图 10-18　查看训练状态和模型效果

（2）单击"完整评估结果"后，若同时创建了多个训练任务，则可通过选择不同的部署方式及版本，对训练任务进行筛选。在模型评估报告中，可以查看所训练的图像数、标签数、训练时长以及 epoch 的值。其中，epoch 为整个训练集参与训练的次数，支持在训练配置页面的高级训练配置中进行自行调整。PCB 瑕疵检测模型评估报告如图 10-19 所示。

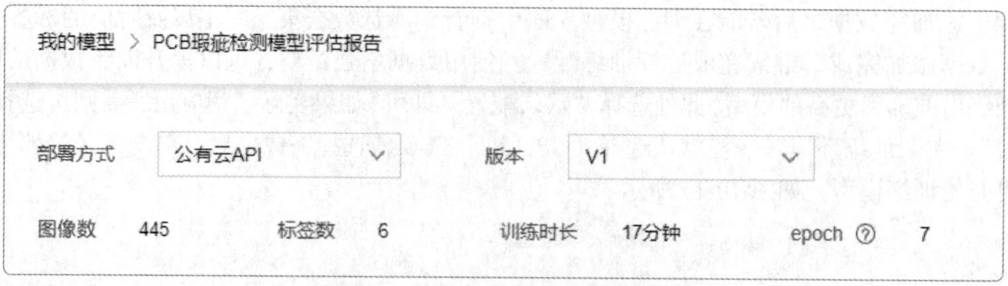

我的模型	〉 PCB瑕疵检测模型评估报告						

部署方式	公有云API	∨	版本	V1	∨

图像数	445	标签数	6	训练时长	17分钟	epoch ⑦	7

图 10-19　PCB 瑕疵检测模型评估报告

（3）从模型评估报告中可以看到模型训练的整体评估说明，包括基本结论、mAP、精确率、召回率，如图 10-20 所示。这部分模型效果的评估指标是基于训练集，随机抽出部分数据使其不参与训练仅参与模型效果评估计算得来的。所以当数据量较少（如图像数量低于 100 张）时，参与评估的数据可能不超过 30 个，这样得出的模型评估报告效果仅供参考，无法完全准确体现模型效果。从"整体评估"一栏可以看到本模型的基本结论为：PCB 瑕疵检测 V1 效果优异，建议针对识别错误的图像示例继续优化模型效果。之后可以根据该建议优化模型效果。

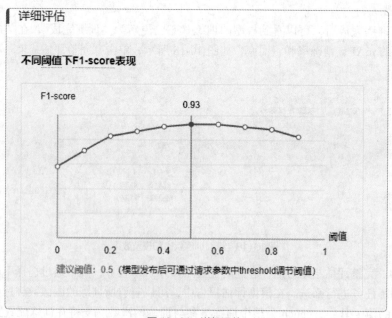

▌整体评估

PCB瑕疵检测 V1效果优异，建议针对识别错误的图像示例继续优化模型效果。　如何优化效果？

⬤ mAP ⑦　95.0%　　⬤ 精确率 ⑦　95.0%　　⬤ 召回率 ⑦　91.6%

图 10-20　模型训练的整体评估说明

（4）在"详细评估"一栏，可查看不同阈值下 F1-score 的表现。在阈值为 0.5 或 0.6 时，F1-score 的值最大，均为 0.93。单击曲线上的其他空白点，可查看不同阈值所对应的 F1-score 的值。基于该曲线，平台还建议将阈值设置为 0.5，在下一步进行校验模型时，就可以根据平台建议设置阈值为 0.5，如图 10-21 所示。

详细评估

不同阈值下F1-score表现

图 10-21　详细评估

人工智能平台应用

（5）在评估报告中还可查看不同标签的 mAP 及对应的识别错误的图像，这里显示标签"spur"的 mAP 为 88%，标签"short"的 mAP 为 92%，标签"mouse_bite"的 mAP 为 95%，标签"open_circuit"的 mAP 为 96%，标签"spurious_copper"的 mAP 为 97%，标签"missing_hole"的 mAP 为 100%。选择标签"spur"，在右侧"spur 的错误结果示例"中，单击其中一张图像，即可查看错误详情，如图 10-22 所示。

图 10-22　按标签查看错误示例

（6）在"错误详情"界面，可以看到原标注结果和模型识别结果的对比，根据界面左下角的图例颜色，即可区分识别结果。为了方便查看，可以在该界面右下角处取消勾选"正确识别"，只查看"误识别"和"漏识别"两类。在 mAP 比较低，模型训练效果较差的情况下，可以比对这些识别错误的图像，找到目标的共性，并相应增加对应的数据或通过其他方式来修正模型，如图 10-23 所示。

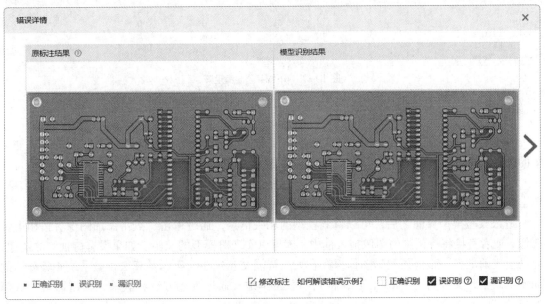

图 10-23　错误详情

（7）在评估报告中，最后一项为"定位易混淆标签"，此处可以查看该模型的混淆矩阵，每一个橙色的方格都对应一组易混淆的标签（最多展示 10 个易混淆的标签）。混淆矩阵展示了测试集中每个标签下的数据被预测为各个标签的次数，可以用于定位易混淆的标签。在混淆矩阵中，可以看到所标注的标签及模型所预测的标签，其中背景指的是标注了物体的区域被模型预测为图像的背景，即模型漏识别了目标物体，如图 10-24 所示。在混淆矩阵中，将鼠标指针放到对应的方格上可查看对应的信息，如放在"spur"和"背景"的方格上则显示"13 个标注为【spur】标签的目标物体被模型误识别为【背景】标签。"

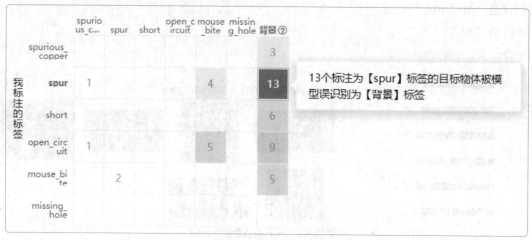

图 10-24　定位易混淆标签

（8）单击当前界面中"定位易混淆标签"一栏的"下载完整混淆矩阵"，下载扩展名为 .csv 的文件，用 Excel 即可打开查看，其中"[default]"代表背景。在标签数超过 10 个的时候，评估报告中的混淆矩阵无法完整显示，可以通过下载完整混淆矩阵进行查看，如图 10-25 所示。

	spurious_copper	spur	short	open_circuit	mouse_bite	missing_hole	[default]
spurious_copper	67	0	0	0	0	0	3
spur	1	92	0	0	4	0	13
short	0	0	81	0	0	0	6
open_circuit	1	0	0	108	5	0	9
mouse_bite	0	2	0	0	114	0	5
missing_hole	0	0	0	0	0	48	0

图 10-25　下载完整混淆矩阵

步骤 6：校验 PCB 瑕疵检测模型

基本了解了模型训练效果后，接下来可以通过以下步骤对模型进行校验，查看模型对于测试集的识别结果。

（1）单击左侧导航栏的"校验模型"，在"选择模型"一栏选择本项目的"PCB 瑕疵检测"模型，单击"启动模型校验服务"按钮，等待 3 ~ 5min 即可进入校验模型界面。

进入校验模型界面之后，可以看到模型的相关信息，通过单击"点击添加图像"按钮上传图像，或者直接将待预测的图像拖入框中，就可以实现对模型的校验。如果没有待预测的图像，此处会提前准备一张待预测的图像保存在人工智能交互式在线实训及算法校验系统实验环境的 data 目录下，文件名为"test.jpg"，将其下载至本地，通过上述方法将其输入模型即可完成模型校验。

（2）上传图像进行模型校验之后，稍等片刻就可以在界面中查看校验的结果。根据模型评估报告中的建议，将"调整阈值"设置为 0.5，如图 10-26 所示，在界面右侧即可查看对应的模型预测标签。

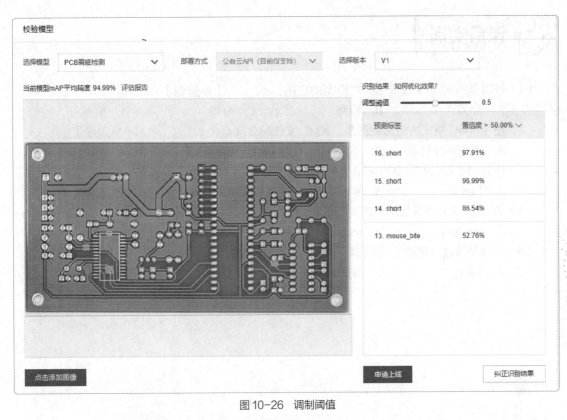

图 10-26　调制阈值

（3）通过结果可以看到校验结果的相关信息，包括预测的标签以及置信度等，如果识别结果有误，还可以单击右下角的"纠正识别结果"按钮，将图像上传至 PCB 数据集，方便后续在数据标注—未标注图像中重新标注，并继续训练优化效果。至此，PCB瑕疵检测模型训练应用已实现。

知识拓展

　　目前，人工智能正处于发展高潮之中，在这一阶段，关于人工智能的研究开始由单个智能主体研究转向基于网络环境下的分布式人工智能研究，存在于实验室的技术也开始用于生产实践，进一步面向实际商业场景进行快速落地。近年来，物联网、云计算、大数据、5G 等技术的深度发展为人工智能各项技术的突破提供了充足的数据支持和算力支撑。

　　清华大学的数据显示，在诸多人工智能技术方向中，计算机视觉是我国市场规模较大的应用方向，在我国整体的人工智能市场应用中占比约为 34.9%。计算机视觉技术的研究目标是使计算机具备人类的视觉能力，能看懂图像内容、理解动态场景，其已经广泛应用于智慧城市与新基建、安防、工业、金融、医疗健康、电商与实体零售、无人驾驶等各类场景。人脸识别、文字识别、车辆分析、视频结构化、动作识别等方面的算法为生产活动带来了安全保障与效率提升，也为人类生活提供了更多便捷与乐趣。

　　近年来，计算机视觉领域不断涌现新的成果，如实时目标检测（YOLO v4/v5）、生物蛋白质预测（AlphaFold）等，这些成果为计算机视觉技术的发展演化打开了广阔的新天地，极大地推动了相关工程的落地应用。

课后实训

（1）PCB 瑕疵检测项目属于哪类模型的应用？（　　　）【单选题】

    A. 分类　　　　　　　B. 检测　　　　　　　C. 分割　　　　　　　D. 检查

（2）使用 VOC 格式的图像数据集，XML 文件的含义是什么？（　　　）【单选题】

    A. 图像标注信息　　B. 图像位置　　　　C. 图像格式　　　　D. 图像标签

（3）将模型通过公有云 API 部署支持哪种操作系统？（　　　）【单选题】

    A. Linux　　　　　　B. Windows　　　　C. Android　　　　D. 无限制

（4）VOC 格式的图像数据集需要包含哪两个文件夹？（　　　）【多选题】

    A. images　　　　　B. train　　　　　　C. Annotations　　D. test

（5）将模型通过专项硬件适配 SDK 部署支持以下哪种操作系统？（　　　）【多选题】

    A. Linux　　　　　　B. Windows　　　　C. Android　　　　D. iOS

人工智能平台应用

项目 11

深度学习开发平台文本任务应用

11

自然语言处理技术在生产生活中有许多应用，包括文本分类、情感分析、聊天机器人、语音识别、机器翻译等，其中文本分类是比较经典的应用。文本分类的应用十分广泛，可以应用在标题分类、垃圾邮件过滤、电商商品评价分析等方面。

项目目标

（1）了解文本分类的行业背景。
（2）熟悉文本分类的流程。
（3）能够使用深度学习模型定制平台训练文本分类模型。

项目描述

20 世纪 90 年代以来，互联网以惊人的速度迅猛发展，互联网中容纳了海量的各种类型的数据和信息，包括文本、声音、图像等。声音、图像数据与文本数据相比，文本数据占用的网络资源更少，更容易上传与下载，以至于网络资源中大部分的数据都是以文本（超文本）形式出现的。信息处理的一大目标是明确如何从繁多的文本中发现有价值的信息。

本项目将介绍文本分类的行业背景、文本分类的流程、文本分类模型的评估指标以及相关的行业应用等，并会基于 EasyDL 平台介绍开展文本分类任务，定制训练新闻标题的自动分类模型，识别文本所属的某个领域标签，以使读者掌握文本分类的实现方法。

知识准备

11.1 文本分类的行业背景

文本分类问题是自然语言处理领域中的经典问题，其相关研究最早可以追溯到 20 世纪 50 年代，当时是通过专家规则进行文本分类的。

20世纪80年代初，一度发展到利用知识工程建立专家系统，但是，这种方式不仅费时费神，而且覆盖的范围和准确率都非常有限。

后来，随着统计学的发展，特别是随着20世纪90年代后，互联网在线文本数量的激增和机器学习学科的兴起，逐渐形成了一套解决大规模文本分类问题的经典解决方法。

如今，随着人工智能技术的发展，机器学习的分支深度学习在工业界实现了大规模的应用且卓有成效。与传统机器学习不同，深度学习既提供特征提取功能，也可以实现分类的功能。基于深度学习的文本分类模型的价值在情感分析、新闻分类等多种文本分类任务中，已经超越了传统的基于机器学习的方法。在报刊、广播、电视、网络等高度发达的今天，通过各种渠道获取自己所需的信息，已然成为人们日常生活的一部分。各行业从业者需要从大量纷繁的数据中获取有价值的信息，而新媒体行业从业者需要增加文章的点击率和曝光率。在这种现状下，催生出了新一代以深度学习为基础的文本分类问题解决方案，使得新闻文本分类的技术应用处于行业爆发期。

11.2 文本分类的流程

文本分类是将用户输入的一段文本自动映射到具体的类目上，以帮助用户快速完成文本的分类，并针对文本中的关键标签进行识别和提取。在此基础上，用户可以快速获取关键信息并提高决策效率。其流程如图11-1所示。

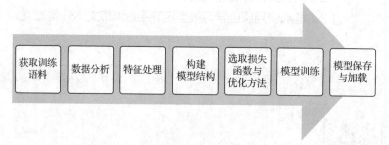

图11-1 文本分类流程

在文本分类流程中，特征处理是关键，它是指将一些原始的输入数据维度减少或者将原始的特征进行重新组合以便于后续的使用。简单来说其有两个作用，减少数据维度，以及整理有效的数据特征供后续使用。

11.3 文本分类模型的评估指标

人们根据不同的文本分类应用背景提出了多种评估文本分类模型的指标。常用的评估指标包括召回率（recall）、准确率（accuracy）、F1-分数（F1-score）、宏平均（macro-average）和微平均（micro-average）、11点平均正确率等。前3项评估指标在项目8中已经有所介绍，下面介绍其他的评估指标。

11.3.1 宏平均和微平均

准确率与召回率都是针对某一类别进行评估，而为了对所有类别进行评估，评估算法在整个数据集上的性能，有两种平均的方法可供使用，分别称为宏平均和微平均。

宏平均是指每一个类的性能指标的算术平均值，而微平均是指每一个实例（文本）的性能指标的算术平均值。对于单个实例而言，它的准确率和召回率是相同的，即要么都是 1，要么都是 0，因此准确率和召回率的微平均是相同的，根据 F1-分数指标的公式，对于同一个数据集，它的 F1-分数的微平均也是相同的。

宏平均是对类的平均，容易受小类的影响；微平均是对实例的平均，容易受大类的影响。

11.3.2　11 点平均正确率

为了全面评价分类器在不同召回率情况下的分类效果，可以通过调整阈值使得分类器的召回率分别为：0,0.1,…,0.9,1.0。然后，分别计算在各种不同阈值下的正确率，再对其取平均值，该平均值即 11 点平均正确率。

11.4　文本分类模型的行业应用

在金融领域中，采用基于文本分类技术的风险管理软件可以显著提高降低风险的能力，实现数千个来源的文本文档的完整管理。

在医疗领域中，研发一个新的产品可能同时需要近十年的基因组学和分子技术研究。此时，基于文本分类的知识管理软件，医疗人员可以快速地找到重要的信息来辅助进行新产品研发。

在电商领域中，商品的评价分类有助于店铺卖家分析商品销售额高或低的原因，由此决定商品的进货量，以降低库存积压的风险。

在新闻分类领域中，网上有大量的新闻，手动归档显然难度很大。因此可以用分类技术判断某一新闻是属于经济领域的，还是属于文化领域的或其他领域的。同时，用户可以根据分类标签快速挑选自己感兴趣的新闻。

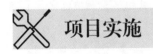 项目实施

11.5　实施思路

基于项目描述与知识准备的内容，我们已经了解了 EasyDL 平台文本分类的使用流程和文本分类的应用场景，现在回归 EasyDL 平台，介绍训练一个用于新闻文本的文本分类模型，将新闻文本分类为文化、财经、房产、娱乐、体育、教育和科技 7 个领域。本项目将通过以下步骤进行。

（1）创建文本分类模型。

（2）上传未标注数据。

（3）上传已标注数据。

（4）训练模型。

（5）评估模型。

（6）校验模型。

11.6 实施步骤

步骤 1：创建文本分类模型

首先，通过以下步骤来创建文本分类模型。

（1）登录人工智能交互式在线实训及算法校验系统，进入本项目的实验环境。单击控制台中"AI 平台实验"的百度 EasyDL 的"启动"按钮，进入 EasyDL 平台。

（2）单击"立即使用"按钮，在弹出的"选择模型类型"对话框中选择"文本分类 - 单标签"，进入登录界面，输入账号和密码。

（3）在左侧的导航栏中，单击"我的模型"，再单击"创建模型"按钮，如图 11-2 所示，进入信息填写界面。

图 11-2 单击"我的模型"-"创建模型"

（4）在"模型名称"一栏输入"新闻标题所属领域分类"，在"模型归属"一栏选择"个人"选项，并输入个人的邮箱地址和联系方式，在"功能描述"一栏输入该模型的作用，该栏需要输入多于 10 个字符但不能超过 500 个字符的内容，如图 11-3 所示。

图 11-3 创建模型界面

（5）信息填写完成后，单击"下一步"按钮即创建成功。在左侧导航栏单击"我的模型"即可看到所创建的模型，如图 11-4 所示。

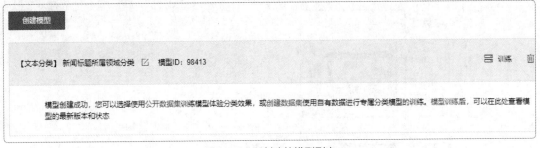

图 11-4　所创建的模型列表

步骤 2：上传未标注数据

文本分类模型创建完成后，即可进行数据的上传和标注。接下来可以先通过以下步骤，尝试上传少量的数据并进行标注。

（1）单击左侧导航栏的"数据总览"，再单击"创建数据集"按钮，如图 11-5 所示，进入创建数据集界面，按照提示填写信息。

图 11-5　单击"数据总览"—"创建数据集"

① 在"数据集名称"一栏输入"新闻标题所属领域分类"，如图 11-6 所示。

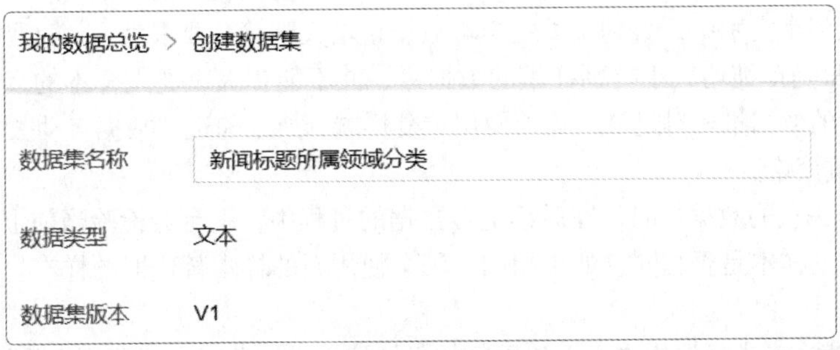

我的数据总览 ＞ 创建数据集	
数据集名称	新闻标题所属领域分类
数据类型	文本
数据集版本	V1

图 11-6　输入"新闻标题所属领域分类"

② "标注类型"和"标注模板"保持默认设置，无须修改。在"数据集属性"一栏选择"数据自动去重"选项，如图 11-7 所示，这指的是对上传数据进行重复样本去重，确认后将不能修改。

单击"数据自动去重"旁的问号图标⑦，再单击"文档"按钮，即可查看并了解文本分类模型中数据去重的说明。

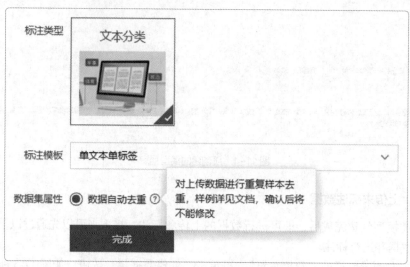

图11-7 选择"数据自动去重"选项

- 重复样本的定义。

一个样本包括文本内容和标签。重复样本是指所上传的数据中，若存在两个样本的文本内容完全一致，则判定这两个样本是重复样本。

如表11-1所示，表中3个样本均为重复样本，后两个样本虽然标签不一样，但文本内容一致，也为重复样本。根据文本出现的顺序，最后出现的重复样本将代替之前的重复样本，即最终保留的是文本为"今天北京的空气不错"，标签为"local"的样本。

表11-1 重复样本示例

文本	标签
今天北京的空气不错	weather
今天北京的空气不错	weather
今天北京的空气不错	local

- 重复样本的作用。

在数据量不足，且样本种类不均衡的情况下，可以对数据量小的类别的样本进行重复随机采样，并将其补充到小类别中，直到小类别样本数据量增大到符合要求为止，这种方法称为"上采样"。这种方法只是单纯增大小类别样本的数据量，并不能扩大小类别样本的多样性。因为本项目采用的数据集的数据量相对足够，无须使用重复样本，所以勾选"数据自动去重"选项。

- 平台去重策略。

创建了一个去重的数据集时，在后续上传数据的过程中，平台会检验当前上传的样本与已上传到此数据集下的样本是否相同，如果相同，则会使用新的样本替代旧的样本。此时可分为以下几种情况。

- 数据集中有未标注样本，上传重复的已标注样本，此时未标注样本将被覆盖。
- 数据集中有已标注样本，上传重复的未标注样本，此时已标注样本将被覆盖。
- 数据集中有已标注样本，上传不同标注的已标注样本，此时已有的标注样本将被覆盖。

人工智能平台应用

（2）其他选项均保持默认设置，无须修改。信息填写完后，单击"完成"按钮，如图 11-8 所示。

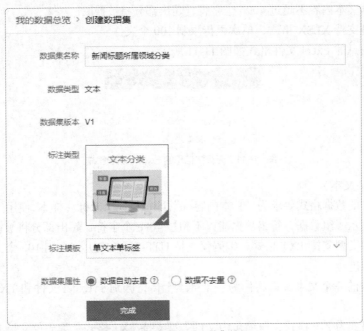

图 11-8　单击"完成"按钮

（3）数据集创建成功后，在界面中将出现该模型的数据集信息，包括版本、数据量、标注类型、标注状态、清洗状态等。单击右侧"操作"栏下的"导入"按钮，进入数据导入界面，所创建的数据集的列表如图 11-9 所示。

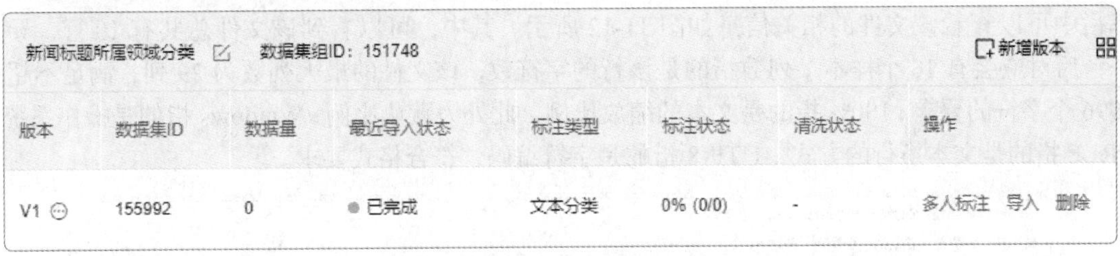

新闻标题所属领域分类 ✎　数据集组ID: 151748								🗗新增版本　🔠
版本	数据集ID	数据量	最近导入状态	标注类型	标注状态	清洗状态		操作
V1 ⊙	155992	0	◉ 已完成	文本分类	0% (0/0)	-		多人标注　导入　删除

图 11-9　所创建的数据集的列表

（4）在"导入数据"的"数据标注状态"一栏选择"无标注信息"选项，在"导入方式"一栏选择"本地导入"选项，查看 3 种导入方式对应的格式要求，如图 11-10 所示。

图 11-10　"无标注信息"数据的本地导入方式

① 上传 Excel 文件。

- 使用第一列作为待标注文本，每行是一组样本，首行为表头，默认会被忽略。
- 每组数据文本内容不超过 4096 个字符，超出部分将被截断。
- 文件类型支持 XLSX 格式，单次上传限制 100 个文件。
- 无标注信息的 Excel 文件格式如图 11-11 所示。

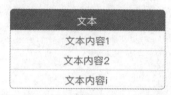

文本
文本内容1
文本内容2
文本内容i

图 11-11　无标注信息的 Excel 文件格式

② 上传 TXT 文本。

- 文本文件的数据格式要求为"文本内容 \n"，即每行一个未标注样本，使用"Enter"键换行。
- 每一行表示一组数据，每组数据建议不超过 4096 个字符，超出部分将被截断。
- 文本文件类型支持 TXT 格式，编码仅支持 UTF-8，单次上传限制 100 个文本文件。

③ 上传压缩包。

- 压缩包内的一个文本文件将作为一个样本上传，区别于 Excel 文件和 TXT 文本中一行作为一个样本。
- 压缩包格式为 ZIP 格式，压缩包内文件类型支持 TXT 格式，编码仅支持 UTF-8。

（5）此处选择"上传 TXT 文本"来导入未标注的数据。在上传文件之前，需要先下载相应的数据集，该数据集保存在人工智能交互式在线实训及算法校验系统实验环境的 data 目录下，名为"新闻标题所属领域分类 (无标注)-train.txt"，将其下载至本地。该数据集包含 2 条文化类新闻，5 条娱乐类新闻以及 3 条体育类新闻。打开该文件，在相应的用以打开文件的窗口下方的状态栏中可以查看该文件的相关信息如图 11-12 所示。其中，可以看到该文件总共有 10 行，导入平台后对应会有 10 个样本；列数指的是该行的字符数，该文件的最大列数为 29 列，满足不超过 4096 个字符的要求；100% 指的是文本的缩放比例，此处为默认比例；Windows 指的是操作系统；CRLF 指的是文本换行的方式；UTF-8 指的是字符编码，符合格式要求。

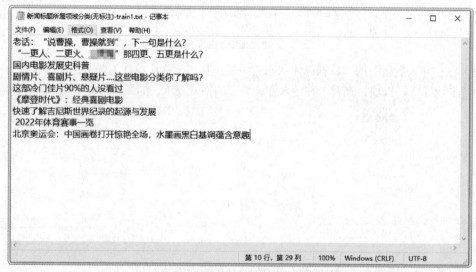

图 11-12　无标注信息的 TXT 文件

（6）回到 EasyDL 平台数据导入界面,在"导入方式"一栏选择"本地导入"-"上传 TXT 文本"选项,单击"上传 TXT 文本"按钮,如图 11-13 所示。

（7）在弹出的对话框中,单击"添加文件"按钮,选择所下载的新闻标题所属领域分类(无标注)-train.txt 进行打开。接着,单击"开始上传"按钮,如图 11-14 所示。

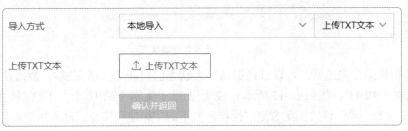

图 11-13　单击"上传 TXT 文本"按钮

图 11-14　"上传 TXT 文本"对话框

（8）上传完成后,可以在"上传 TXT 文本"按钮旁看到所上传的文件数量,单击"确认并返回"按钮,如图 11-15 所示。

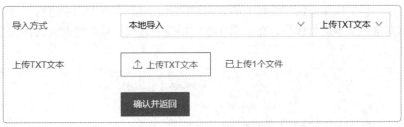

图 11-15　文件上传完成界面

（9）单击"确认并返回"按钮后会回退到"数据总览"标签页,此时可以看到该数据集的最新导入状态为"导入中",标注状态为"0%（0/0）",如图 11-16 所示。该导入过程,根据数据集的大小,等待的时间略有不同。1 ～ 2min 后,刷新页面,查看是否上传完成。

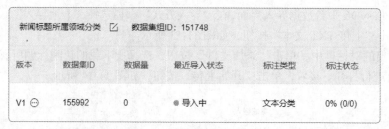

图 11-16　查看数据集状态

（10）数据集上传完成后，可以看到最新导入状态已更新为"已完成"，数据量为"10"，标注状态为"0%（0/10）"，如图 11-17 所示，说明原 TXT 文本中的 10 个文本数据均已成功上传，而且是未标注状态。单击该数据集右侧"操作"栏下的"标注"按钮，进入标注界面。

图 11-17　查看已更新的数据集状态

（11）进入"标注"界面后，可以看到无标注信息的数据量是 10，如图 11-18 所示。

图 11-18　查看无标注信息的数据量

（12）接下来对这些数据进行标注。单击右侧的"添加标签"按钮，输入标签名"文化"，单击"确定"按钮进入保存，如图 11-19 所示。按照该步骤输入其他两个标签"体育"和"娱乐"。

（13）对当前页面的文本进行标注，在其右侧的标签栏选择对应的标签进行标注，切换文件后即可完成标注。标注后在文本上方的状态栏可以看到该文本所属的标签。标注完成后，单击状

图 11-19　添加标签

态栏右侧的"下一篇"按钮或使用键盘上的方向键翻页，对其余 9 个文本进行标注。此处可以根据自己的理解对这些文本进行标注，在步骤 3 中会根据平台去重策略将此处的标注信息覆盖，如图 11-20 所示。

图 11-20　进行文本标注

（14）如需加快标注效率，可以将数据量较多的标签置顶，此处可以将标签"娱乐"置顶，

单击对应标签右侧的置顶按钮 即可，如图 11-21 所示。

（15）标注成功后，在界面上方"有标注信息（10）"处可查看有标注信息的数据量为 10，如图 11-22 所示。

图 11-21 置顶标签

图 11-22 查看有标注信息的数据量

步骤 3：上传已标注数据

由于单个标注的效率过低，在数据量较多的情况下，可以通过以下步骤，上传已标注的数据来快速完成数据标注。

（1）单击左侧导航栏的"数据总览"，回到数据总览界面，找到"新闻标题所属领域分类"数据集，在其右侧"操作"栏下，单击"导入"按钮，如图 11-23 所示，进入数据导入界面。

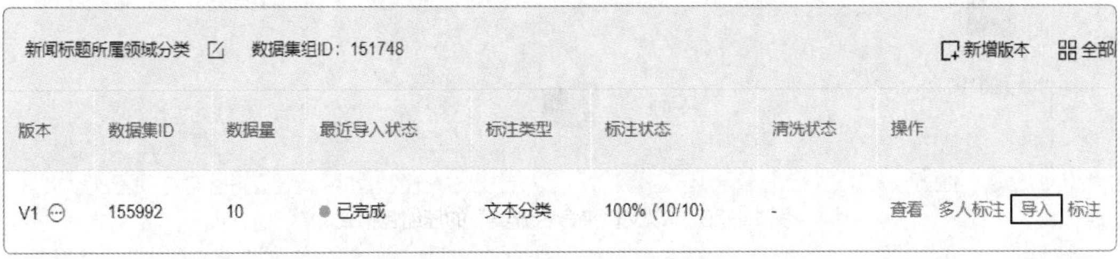

版本	数据集ID	数据量	最近导入状态	标注类型	标注状态	清洗状态	操作
V1 ⊙	155992	10	⊙ 已完成	文本分类	100% (10/10)	-	查看 多人标注 导入 标注

新闻标题所属领域分类 　数据集组ID: 151748　　　　　　　　　　新增版本 　全部

图 11-23 单击"导入"按钮

（2）在"导入数据"的"数据标注状态"一栏选择"有标注信息"选项，在"导入方式"一栏选择"本地导入"选项，查看前 3 种导入方式对应的格式要求，第 4 种"API 导入"暂不要求学习，如图 11-24 所示。

① 上传 Excel 文件。

· 上传的样本需保存在 Sheet1 中，首行作为表头将被系统忽略。

· 使用第一列作为待标注文本内容，第二列作为标注信息列，即标签，标签名仅支持数字、中 / 英文字母。

· 有标注信息的 Excel 文件格式如图 11-25 所示，其他要求包括字符数、编码等均与无标注信息的 Excel 文件的要求一致。

图 11-24 "有标注信息"数据的本地导入方式　　　　图 11-25 有标注信息的 Excel 文件格式

② 上传 TXT 文本。

• 文本分类的标注数据格式要求为"文本内容 \t 标注标签 \n"，即每行一个未标注样本与一个标注标签，中间使用"Tab"键调整间隔，每组数据间使用"Enter"键进行换行。

• 每一行表示一组数据，其他要求包括字符数、编码等均与无标注信息的 TXT 文本的要求一致。

③ 上传压缩包。

可选择"以文件夹命名分类"或者"json（平台通用）"两种不同的标注方式。

• "以文件夹命名分类"的标注方式要求压缩包内按照文本类别数量分为多个文件夹，以文件夹的名称作为文本类别标签，文件夹下的所有 TXT 文本作为样本，一个文本文件将作为一个样本上传。"以文件夹命名分类"的压缩包格式如图 11-26 所示。

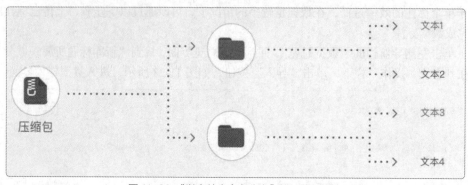

图 11-26 "以文件夹命名分类"的压缩包格式

• "json（平台通用）"的标注方式要求压缩包内包含单个文本文件（TXT 格式）及同名的 JSON 格式的标注文件，可上传多组样本。"json（平台通用）"的压缩包格式如图 11-27 所示。

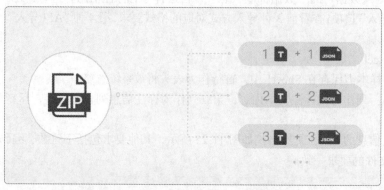

图 11-27 "json（平台通用）"的压缩包格式

• 标注文件中标签的标签名由数字、中 / 英文、中 / 下画线组成，长度上限为 256 个字符。

• 压缩包格式为 ZIP 格式，同时压缩包大小限制在 5GB 以内，每个文本文件最多不能超过 4096 个字符。其他要求包括字符数、编码等均与无标注信息的压缩包的要求一致。

（3）此处选择"上传 Excel 文件"来导入已标注的数据。在上传文件之前，需要先下载相应的数据集，该数据集保存在人工智能交互式在线实训及算法校验系统实验环境的 data 目录下，名为"新闻标题所属领域分类 (已标注)-train.xlsx"，将其下载至本地。该数据集包含 7 个分类，分别为文化、财经、房产、娱乐、体育、教育和科技，总共有 44082 条文本数据，部分数据如图 11-28 所示。

	A	B
1	老照片: 1907年, 山东省泰安府	文化
2	亦舒经典语录100句	文化
3	乐山大佛整修完成, "花脸"被清洗干净, 网友: 美完容变"帅"了	文化
4	【国际锐评】所谓"盗窃", 只是堂吉诃德式的自欺欺人	财经

图 11-28 有标注信息的 Excel 文件的部分数据

（4）回到 EasyDL 平台数据导入界面, 在"数据标注状态"一栏选择"有标注信息"选项, 在"导入方式"一栏选择"本地导入"-"上传 Excel 文件"选项, 单击"上传 Excel 文件"按钮, 如图 11-29 所示。

图 11-29 设置数据导入方式

（5）在弹出的对话框中, 单击"添加文件"按钮, 选择所下载的新闻标题所属领域分类（有标注）-train.xlsx 进行打开。接着, 单击"开始上传"按钮, 如图 11-30 所示。

图 11-30 "上传 Excel 文件"对话框

（6）上传完成后, 可以在"上传 Excel 文件"按钮旁看到所上传的文件数量, 单击"确认并返回"按钮, 如图 11-31 所示。

图 11-31 文件上传完成界面

（7）单击"确认并返回"按钮后会回退到"数据总览"标签页, 此时可以看到该数据集的最新导入状态为"导入中"，如图 11-32 所示，数据量也在持续变化。因数据量较大，本次数据导入需要 6 ～ 10min，可于 6min 后刷新页面，查看是否上传完成。

图 11-32 查看数据集状态

数据集上传完成后，可以看到最新导入状态已更新为"已完成"，如图 11-33 所示，数据量为 44082，与 Excel 文件里的样本数一致，未增多原先导入的 10 个数据，是因为在创建数据集时选择了"数据自动去重"，平台根据去重策略去除了这 10 个重复样本数据。从标注状态为"100%（44082/44082）"可知，这些数据均已进行了标注。

图 11-33 查看已更新的数据集状态

（8）单击数据集"操作"栏下的"查看"按钮，进入相应界面后，单击界面上方的"有标注信息（44082）"选项，查看数据的标注情况，如图 11-34 所示。

图 11-34 查看数据的标注情况

（9）在界面的左侧是该数据集的标签及对应的数据量，可以看到每个标签的数据量均在 4500 以上，如图 11-35 所示。

图 11-35 查看各个标签的数据量

（10）若需要补充单个标签的数据，可单击对应标签右侧"操作"栏下的"导入"按钮，按照无标注信息的 TXT 文本或 Excel 文件的格式要求准备文件，单击"添加文件"按钮，选择对应的文件，即可导入数据，如图 11-36 所示。

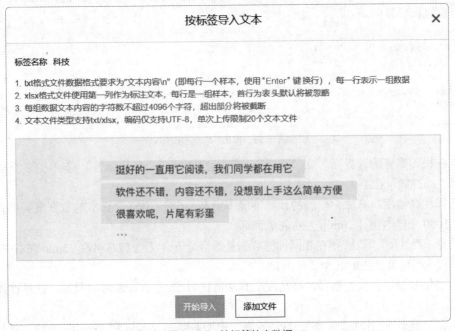

图 11-36　按标签补充数据

（11）在界面的右侧是标签对应的文本数据。如发现某个文本数据标注错误，单击对应文本数据右侧的"查看"按钮，单击"去标注"按钮，重新标注该文本数据，如图 11-37 所示。

图 11-37　单击"去标注"按钮重新标注

步骤4：训练模型

本项目所需的数据集上传并标注完成后，即可通过以下步骤进行模型训练。

（1）单击左侧导航栏的"训练模型"，单击对应模型右侧的"训练"按钮，如图11-38所示，进入模型训练配置界面。

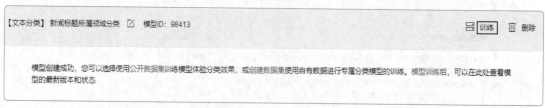

图11-38　单击"训练"按钮

（2）在模型训练配置界面，在"部署方式"一栏选择"公有云部署"选项；在"选择算法"一栏选择"高性能"选项。

若选择"高精度"算法，模型的预测准确率更高，少于1000个样本的数据集同样有好的训练效果，1000个样本预计20min左右完成训练。

若选择"高性能"算法，则在相同训练数据量的情况下，1万个样本可在15min左右完成训练，准确率平均比高精度算法的低4%～5%。

本数据集数据量较大，选择"高精度"算法需耗时5h左右，因时间限制，这里选择"高性能"算法。

（3）在"模型筛选指标"一栏，默认选择"模型兼顾Precision和Recall"选项。此处选择不同的指标，对应使用的模型将有所不同，如果场景中没有对精确度或召回率有特别要求，建议使用默认指标，如图11-39所示。

图11-39　设置"训练配置"

（4）在"添加训练数据"一栏，单击"+请选择"按钮，如图11-40所示，进入数据集添加界面。

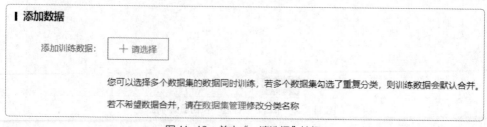

图11-40　单击"+请选择"按钮

（5）在"数据集"一栏选择"新闻标题所属领域分类 V1"选项；在"可选标签"一栏勾选想训练的分类，若全选 7 个分类进行训练，完成训练大约需要 1h，可根据自己的时间进行选择。此处，勾选其中 5 类。勾选"展示公开数据集"选项后，即可选择公开数据集的数据进行模型训练，如图 11-41 所示。

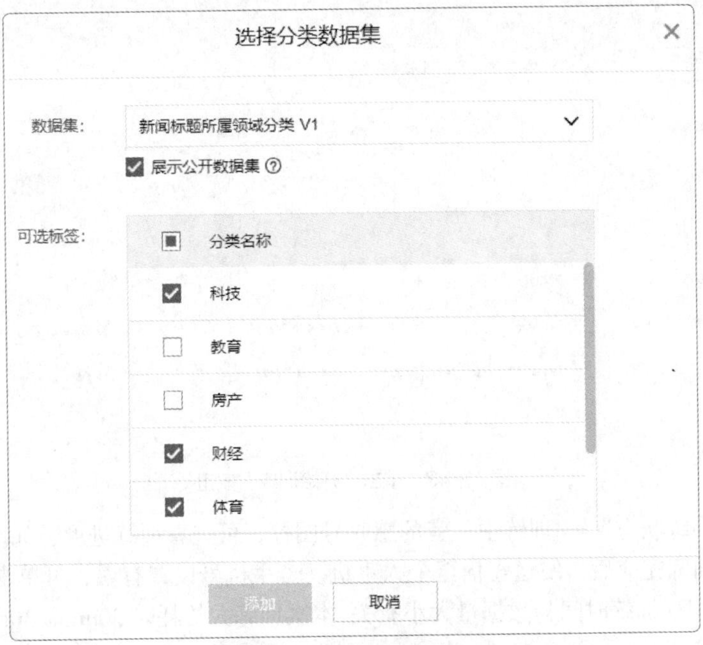

图 11-41　设置数据集和标签

（6）平台目前提供的公开数据集包括"chnsenticorp- 情感分类 - 训练数据集""chnsenticorp-情感分类 - 评测数据集"和"emotion"3 个文本分类数据集，如图 11-42 所示。在"公开数据集"标签页即可查看这些公开数据集的数据量，单击对应数据集"操作"栏下的"查看"按钮即可查看数据集的文本内容及标注信息。

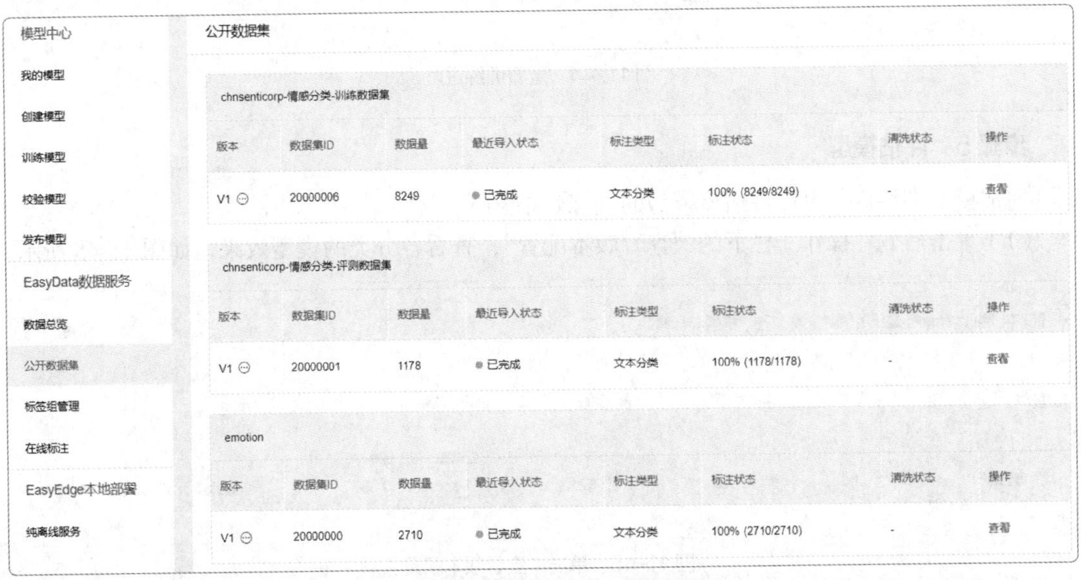

图 11-42　平台提供的公开数据集列表

（7）回到训练模型界面，可以看到选择了1个数据集的5个分类。如果数据集选择错误，可以单击"全部清空"按钮，重新选择数据集；如果需要查看所选分类，可以单击数据集右侧"操作"栏下的"查看详情"按钮。在"训练环境"一栏选择"GPU P40"选项，设置完成后，单击"开始训练"按钮开始训练，如图11-43所示。

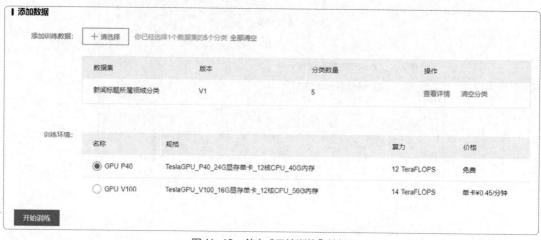

图11-43　单击"开始训练"按钮

（8）单击"训练状态"-"训练中"旁的感叹号图标，可查看训练进度，如图11-44所示，还可以设置在模型训练完成后，发送短信至个人手机。若手机号设置有误，可单击手机号旁的编辑按钮，修改手机号。训练时间与数据量大小有关，本次训练大约耗时30min。30min后，刷新界面，查看是否训练完成。

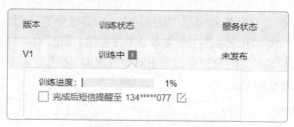

图11-44　查看训练进度

步骤5：评估模型

完成模型训练后，可以评估该模型的训练效果。

（1）单击右侧"操作"栏下的"查看版本配置"，查看各分类的模型效果，如图11-45所示。

图11-45　单击"查看版本配置"

（2）在版本配置界面，可以查看任务开始时间、任务时长、训练时长及训练算法。其中，任

人工智能平台应用

务时长指的是从任务开始到任务结束的时间，包括数据获取、数据处理、模型训练、模型评估等阶段；训练时长是指模型训练阶段的耗时，该阶段主要进行自动超参搜索、自动算法选择、模型训练等操作。在"训练数据集"一栏，可以查看各分类的训练效果，可以看到该模型的训练效果较好，如图 11-46 所示。

图 11-46　查看训练效果

（3）回到我的模型界面，单击"模型效果"一栏下的"完整评估结果"按钮，查看评估报告，如图 11-47 所示。

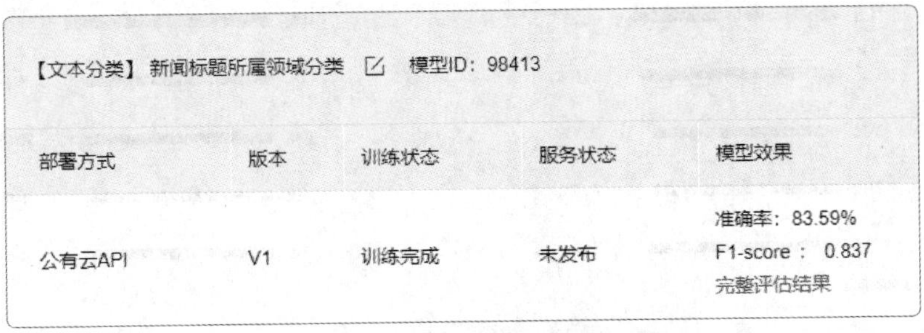

图 11-47　单击"完整评估结果"按钮

（4）从评估报告的"整体评估"一栏，可以看到基本结论为"新闻标题所属领域分类 V1 效果优异"，如图 11-48 所示。从评估报告中可以看到各指标数据，各指标的含义如下。

• 准确率：正确分类的样本数与总样本数之比。
• F1-score：给每个类别设置相同的权重，计算每个类别的 F1-score 值，然后求平均值。
• 精确率：给每个类别设置相同的权重，计算每个类别的精确率，然后求平均值。
• 召回率：给每个类别设置相同的权重，计算每个类别的召回率，然后求平均值。

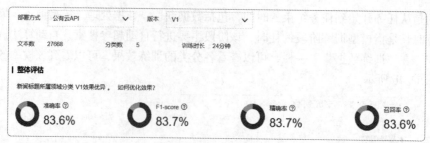

图 11-48　整体评估

（5）从评估报告的"详细评估"一栏，可以看到从数据集中随机抽取的 30% 的样本，即 8159 个样本的预测表现，其中正确预测的数量为 6820 个样本，由此可以得出准确率约为 83.6%，如图 11-49 所示。

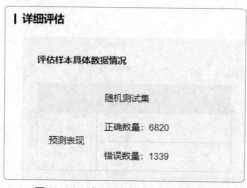

图 11-49　查看评估样本具体数据情况

（6）在评估报告的"详细评估"一栏下方，还可以查看各个分类的精确率、F1-score、召回率，从中可以看到，精确率和 F1-score 最大的是"体育"，召回值最大的是"娱乐"，而"科技"这一类的各指标的数值均最小，如图 11-50 所示。

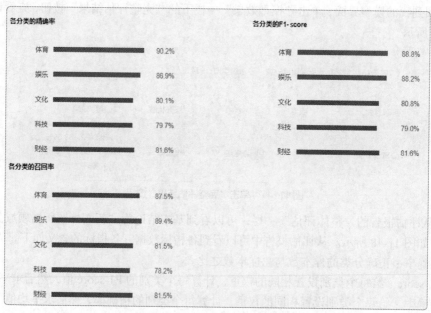

图 11-50　查看各分类的指标数值

人工智能平台应用

（7）若模型训练效果不佳，需优化模型的训练效果的话，可以在"整体评估"一栏，单击"如何优化效果？"按钮，如图 11-51 所示，进入咨询界面。

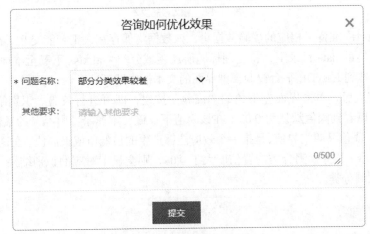

图 11-51　单击"如何优化效果？"按钮

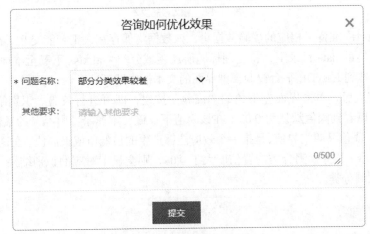

（8）在咨询界面，选择对应的问题，如"部分分类效果较差"或者"其他"，并在"其他要求"一栏输入具体的问题描述，此处需要输入多于 20 个字符但不能超过 500 个字符的内容，如图 11-52 所示。

图 11-52　咨询如何优化效果

（9）信息填写完成后，单击"提交"按钮，提交成功后，平台会提示已经收到反馈，如图 11-53 所示。

图 11-53　提交成功的提示

步骤 6：校验模型

接下来可以校验模型，测试模型的应用效果。

（1）单击左侧导航栏的"校验模型"，再单击"启动模型校验服务"按钮，如图 11-54 所示，等待 2min 左右，即可进入校验模型界面。

图 11-54　单击"启动模型校验服务"按钮

（2）在校验模型界面左侧的文本框中输入文本，如"第十一届中国中部投资贸易博览会即将开幕 鹰潭将有 12 个项目签约"，如图 11-55 所示。也可以单击"点击上传文本"按钮，上传单个 TXT 文件作为一个文本。

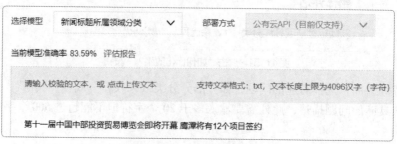

图 11-55　输入校验文本

（3）在本项目中准备了相应的校验数据集，该数据集保存在人工智能交互式在线实训及算法校验系统实验环境的 data 目录下，将新闻标题所属领域分类 -val.xlsx 下载至本地，打开该文件，复制其中一个文本到 EasyDL 平台校验模型界面的文本框中即可。

（4）输入完成后，单击界面左下角的"校验"按钮，即可进行校验。识别结果将显示在界面右侧，这里可以看到阈值默认为 0.03，在该阈值下，该文本属于"财经"的置信度为 99.78%，如图 11-56 所示。阈值又叫临界值，是指一个效应能够产生的最低值或最高值。在这里，阈值为 0.03 的含义为，若某个 / 某些预测分类的置信度大于 0.03，则会显示对应的识别结果，忽略其他置信度低于 0.03 的预测分类。

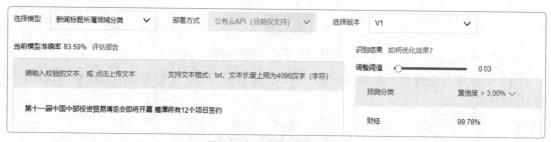

图 11-56　查看模型识别结果

（5）调整阈值为 0，即可看到其他预测分类的置信度，从"财经"的置信度为 99.78% 可以看出，该模型的训练效果十分优异，如图 11-57 所示。

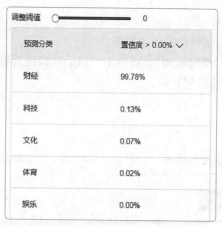

图 11-57　查看各分类的置信度

（6）若识别结果错误，可单击界面下方的"纠正识别结果"按钮，设置正确的识别结果。设置完成后，单击"提交"按钮，如图 11-58 所示。纠正后的识别结果将保存在数据集中，方便重新训练模型。

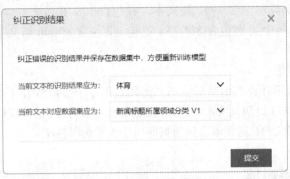

图 11-58　单击"提交"按钮

优秀的文本分类模型必须经得住真实数据集的验证，因而分类器必须在通用的数据集上进行测试。用于文本分类的数据集一般称为语料库。语料库是以电子计算机为载体，承载语言知识的基础资源，其中存放的是在语言的实际使用过程中真实出现过的语言材料。

用于文本分类的语料库一般分为平衡语料库和非平衡语料库。语料库中每个类别的文本数相等或大致相等一般称为平衡语料库，而每个类别的文本数不相等的语料库一般称为非平衡语料库。两种语料库对文本分类的研究都有重要的意义。

11.7　中文语料库

常用的中文语料库包括 TanCorpV1.0 数据集、搜狗实验室数据集和复旦大学数据集 3 个。

（1）TanCorpV1.0 数据集

该数据集由中国科学院计算技术研究所的谭松波收集整理。该语料库分为两层，第一层包含 12 个类别，第二层包含 60 个类别，共包含文本 14150 篇。图 11-59 所示为 TanCorpV1.0 数据集的类别分布，该语料库的每个类别包含的文本数差异较大，为典型的非平衡语料库。

序号	类名	文本数	文本比例
1	人才	6084	4.30%
2	体育	2805	19.82%
3	卫生	1406	9.94%
4	地域	150	1.06%
5	娱乐	1500	10.60%
6	房产	935	6.61%
7	教育	808	5.71%
8	汽车	590	4.17%
9	电脑	2943	20.80%
10	科技	1040	7.35%
11	艺术	546	3.86%
12	财经	819	5.79%

图 11-59　TanCorpV1.0 数据集的类别分布

（2）搜狗实验室数据集

该数据集是经过编辑和手工整理、分类而成的新闻语料库，新闻来源于搜狐新闻网站。搜狗实验室根据需求不同整理了多个版本。一般常用的是 SogouC.reduced.20061127 语料库，分为 9 个大类别，每个类别包含 1990 篇文本，共包含 17910 篇文本。另外完整版 SogouC 语料库共有 10 个类别，每个类别包含 8000 篇文本，共包含 80000 篇文本。该语料库为平衡语料库。

（3）复旦大学数据集

该数据集由复旦大学计算机信息与技术系国际数据库中心自然语言处理小组的李荣陆提供，分为 20 个类别，包含 9833 篇测试文本和 9804 篇训练文本。另外，他还提供了一个小规模语料库，分为 10 个类别，共包含 2816 篇文本。该语料库属于非平衡语料库。

11.8 英文语料库

常用的英文语料库包括 20_Newsgroups 数据集、Reuters-21578 数据集和 OHSUMED 数据集 3 个。

（1）20_Newsgroups 数据集

该数据集是由卡内基梅隆大学的肯·朗于 1995 年收集并整理而成的新闻语料库，其中包含 19997 篇文本，约平均分布在 20 个类别中。该数据集已经成为文本分类及聚类中常用的数据集，属于平衡语料库。

（2）Reuters-21578 数据集

该数据集由英国路透社人工汇集和分类形成，共包含英国路透社 1987 年的 21578 篇新闻稿，一般作为英文文件分类领域的基准语料库。该语料库为非平衡语料库。

（3）OHSUMED 数据集

该数据集由威廉·赫什等人共同收集并整理，文本来源于医药信息数据库 MEDLINE10。该数据集收集了 1987—1991 年 270 个医药类期刊的标题和（或）摘要，共包含 348566 篇文本。

课后实训

（1）定制分类标签实现文本内容的自动分类，这属于（　　）模型。【单选题】

　　A．文本分类　　　　　B．短文本相似度

　　C．文本实体抽取　　　D．文本实体关系抽取

（2）将两个短文本进行语义对比计算，获得两个文本的相似度，这属于（　　）模型。【单选题】

　　A．文本分类　　　　　　　　　B．短文本相似度

　　C．文本实体抽取　　　　　　　D．情感倾向分析

（3）以下哪个业务场景属于文本分类的应用？（　　）【单选题】

　　A．搜索场景下的搜索信息匹配　　B．新闻媒体场景下的标题去重

　　C．新闻媒体场景下的新闻推荐　　D．客服投诉信息的自动分类

（4）关于文本分类模型，以下哪项是错误的？（　　　）【单选题】

A. 可定制分类标签实现文本内容的自动分类

B. 召回率和准确率均不可用于评估模型效果

C. 可用于审核文本中是否含有违规性质的描述

D. 文本分类模式可以分为二分类与多分类

（5）在文本分类模型的评估指标中，宏平均指的是（　　　）。【单选题】

A. 精确率和召回率的调和平均数

B. 不同召回率情况下的最大精度的平均值

C. 每一个类的性能指标的算术平均值

D. 每一个实例的性能指标的算术平均值

项目 12

深度学习开发平台声音任务应用

12

声音分类是音频信息处理领域的基本问题，从本质上说，声音分类的性能依赖于音频中的特征提取。而音频的多样化给机器听觉带来了巨大挑战。如何对音频信息进行有效的分类，从繁多、复杂的数据集中将具有某种特定形态的音频归类到同一个集合，对于学术研究及工业应用具有重要意义。

项目目标

（1）了解声音分类的概念和应用。
（2）熟悉智能声音分类的流程。
（3）能够使用深度学习模型定制平台训练声音分类模型。

项目描述

随着移动终端的广泛应用和数据量的连续累积，人们对于大规模多媒体信息的处理需求越来越大。音频作为多媒体信息的重要载体，应用广泛、多样，如自动语音识别、噪声分类等。像钢琴声、吉他的弹拨声或者幼儿的欢笑声等，这些声音是独特的，可以迅速识别。但是，有些声音的背景噪声比较复杂，很难识别。

本项目基于 EasyDL 平台，介绍如何开展声音分类任务，定制声音分类模型，以识别音频所属的噪声类别，如儿童玩耍声、狗叫声、警笛声、钻孔声等，如图 12-1 所示。

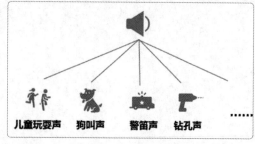

图 12-1 噪声类别

12.1 声音分类的概念

声音分类是声音信息处理领域的基本问题。声音的种类非常多，有些声音是独特的，可以立即识别其类别，例如婴儿的笑声或吉他的弹拨声。有些声音的背景噪声大，很难识别出其类别。而深度学习声音分类应用能够基于声音独有的特征，对声音进行分类，进而识别出当前声音是哪种声音，或者是什么状态、场景的声音。

声音的多样化给"机器听觉"带来了巨大挑战。如何对声音信息进行有效的分类，从大量的数据集中将具有某种特定形态的声音归属到同一个集合，对于学术研究及行业应用具有重要意义。

12.2 声音分类的应用

随着人工智能以及声音信息处理等技术的持续发展，声音分类在工业质检、安防监控等方面的应用正在逐渐深入。以工业质检领域中的洗衣机质量检验为例，传统的检验方法是人工听音来判断洗衣机成品是否合格，但这种方法需要有大量的具备一定经验的人员才能完成，人工成本高且效率低。因此，效果高、可靠的洗衣机异常声音故障诊断智能系统具有十分重要的工程意义。

随着生产线的智能化程度提高，目前相关行业主要采用智能声音分类应用进行洗衣机异常声音故障诊断。该应用基于大量异常声音数据和对应的故障位置数据，能够快速捕捉洗衣机运作声音信息，判断声音类别进而分辨洗衣机故障位置，无须拆解或破坏机体，做到低成本、高效率地完成机器出厂前的质量检验工作。

12.3 智能声音分类的流程

完整的智能声音分类的流程包括采集声音片段、预处理、特征提取与模型训练，如图 12-2 所示。

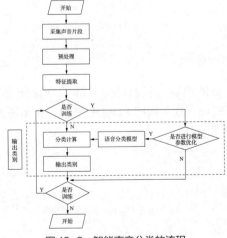

图 12-2 智能声音分类的流程

（1）采集声音片段。声音片段可以直接从网络上的开源数据集采集，或者通过声音采集设备组织团队进行采集。自行采集时，需要从参与人数、语言、标注人数、声音种类数、样本量及采集环境6个方面分析并确定采集要求。

（2）预处理。对采集的声音片段进行预处理包括声道转换、预加重、重采样等，在实际处理过程中，可能还需要进行音频增强等操作，以达到更好的声音分类效果。

（3）特征提取。提取的特征包括声音的频域、时域、音量等。

（4）模型训练。模型训练环节中通常需要编写各种函数算法进行分类计算、类别输出、模型优化等复杂操作。在该阶段中，通常会持续地采集、处理少量的声音片段并提取片段的声音特征，用于校验模型的准确率。此时提取得到的声音特征可以与已提取过特征比对，并选择是否将新特征投入训练。如投入训练，则可以优化已有模型的参数并训练得到一个新模型，也可以选择不优化参数，重新训练模型；如选择不投入训练，则可以使用原有声音分类模型，输出采集得到的声音片段类别。在得到输出的类别后，也可结合模型分类情况与实际的声音类别的匹配情况，选择是否需要将该声音特征重新投入训练。因此，模型训练的工作任务要求模型训练人员需要具备大量的数学基础和算法编写实践经验，并且需要消耗大量时间进行调试才能训练得到效果较好的模型。

而通过EasyDL定制声音分类模型，可以有效节省应用开发的操作时间。其流程如图12-3所示，全程操作可视化、简易，在数据已经准备好的情况下，最快几分钟即可定制声音分类模型。

图12-3　定制声音分类模型的基本流程

其中发布成API指的是将训练好的模型的API接口进行发布，方便其他开发者也能够通过调用API来实现相关功能与应用。并且也可以将模型通过服务器SDK部署在私有CPU或GPU服务器上，可在内网或无网环境下使用模型，以确保数据的隐私性。本项目的实施主要围绕图12-3所示的前5个步骤展开。

项目实施

12.4　实施思路

基于项目描述与知识准备的内容，我们已经了解了声音分类的概念与其典型应用，以及EasyDL声音分类模型的使用流程。现在回归EasyDL平台，介绍通过EasyDL平台，定制训练声音分类模型。本项目的实施步骤如下。

（1）创建声音分类模型。

（2）上传未标注数据。

（3）上传已标注数据。

（4）训练模型。

（5）评估模型。

（6）校验模型。

12.5 实施步骤

步骤1：创建声音分类模型

在进行声音分类之前，需要先通过以下步骤创建声音分类模型，并需确定模型名称、记录模型的功能。

（1）登录人工智能交互式在线实训及算法校验系统，进入本项目的实验环境。单击控制台中"AI平台实验"的百度EasyDL的"启动"按钮，进入EasyDL平台。

（2）单击"立即使用"按钮，在弹出的"选择模型类型"对话框中选择"声音分类"选项，进入登录界面，输入账号和密码。

（3）进入声音分类模型管理界面后，在左侧的导航栏中单击"我的模型"，再单击"创建模型"按钮，如图12-4所示，进入信息填写界面。

图12-4　单击"创建模型"按钮

（4）在"模型名称"一栏输入"噪声分类"，在"模型归属"一栏选择"个人"选项，并输入个人的邮箱地址和联系方式，在"功能描述"一栏输入该模型的作用，该栏需要输入多于10个字符但不能超过500个字符的内容，如图12-5所示。

图12-5　创建模型界面

（5）信息填写完成后，单击"下一步"按钮即创建成功。单击左侧导航栏的"我的模型"即可看到所创建的模型，如图 12-6 所示。

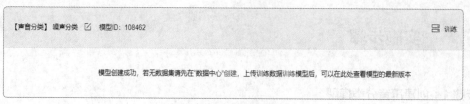

图 12-6　所创建的模型

步骤 2：上传未标注数据

声音分类模型创建完成后，即可进行数据的上传和标注。接下来先通过以下步骤尝试上传少量的数据并进行标注。

（1）单击左侧导航栏的"数据总览"，再单击"创建数据集"按钮，如图 12-7 所示，进入创建数据集界面。

图 12-7　单击"创建数据集"按钮

（2）按照提示填写信息。在"数据集名称"一栏可输入"噪声分类"，其他均保持默认设置。信息填写完成后，单击"完成"按钮，如图 12-8 所示。

图 12-8　单击"完成"按钮

（3）数据集创建成功后，在界面中将出现该模型的数据集信息，包括版本、数据量、标注类型、标注状态等，如图 12-9 所示。单击右侧"操作"栏下的"导入"，进入数据导入界面。

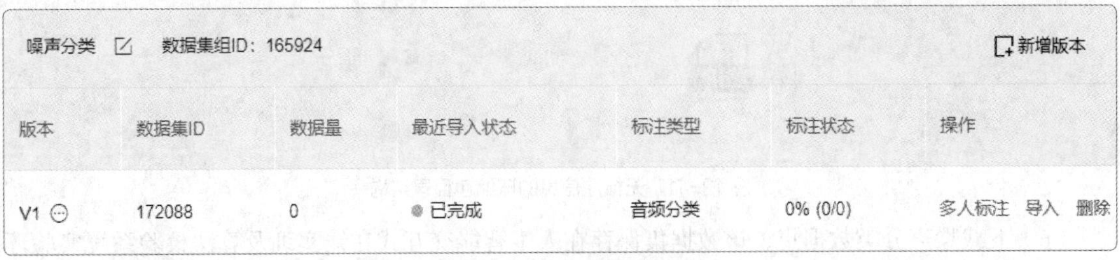

噪声分类 ☑ 数据集组ID: 165924						☐+新增版本
版本	数据集ID	数据量	最近导入状态	标注类型	标注状态	操作
V1 ☺	172088	0	● 已完成	音频分类	0% (0/0)	多人标注 导入 删除

图 12-9 所创建的数据集列表

（4）在数据导入界面中，可以看到该数据集的相关信息，包括版本号、数据总量、标签个数等，这里可看到该数据集中的数据总量为 0。在"导入数据"的"数据标注状态"一栏选择"无标注信息"选项，在"导入方式"一栏选择"本地导入"选项，如图 12-10 所示。

图 12-10 设置数据导入方式

（5）单击"上传压缩包"按钮，查看上传要求。
- 压缩包仅支持 ZIP 格式，压缩前源文件大小限制在 5GB 以内。
- 单音频文件类型为 WAV/MP3/M4A 格式，单次上传限制 10 个文件。
- 单个音频文件大小限制在 4MB 以内，长度限制在 15s 以内。

- 无标注信息的压缩包目录结构如图 12-11 所示。

图 12-11 无标注信息的压缩包目录结构

（6）下载噪声分类数据集，该数据集保存在人工智能交互式在线实训及算法校验系统实验环境的 data 目录下，文件名为"声音分类 - 噪声分类 .zip"，将其下载至本地。打开训练集文件夹目录，可看到其中包含 2 种不同的噪声文件，分别为狗叫声文件和警笛声文件，每个文件中有 100 个音频，如图 12-12 所示。

图 12-12 噪声文件

（7）将其中一个文件，如警笛声文件压缩为 ZIP 文件，回到 EasyDL 平台数据导入界面，单击"上传压缩包"按钮，在"上传压缩包"对话框中单击"已阅读并上传"按钮，如图 12-13 所示。

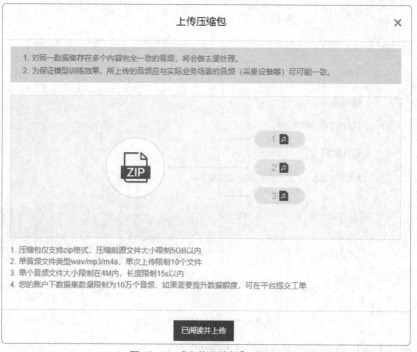

图 12-13 "上传压缩包"对话框

（8）选择压缩包警笛声 .zip 上传，文件上传过程中，须保持网络稳定，不可关闭网页。约 5min 后上传完成，单击"确认并返回"按钮，如图 12-14 所示。

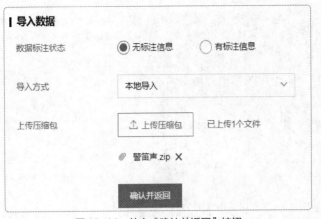

图 12-14　单击"确认并返回"按钮

（9）单击"确认并返回"按钮后会回退到数据总览界面，此时可以看到该数据集的最近导入状态为"导入中"。该导入过程，根据数据集的大小不同，等待的时间略有不同，一般需要 3 ～ 5min。大约 3min 后，刷新页面，查看是否上传完成。数据集上传完成后，可以看到最新导入状态已更新为"已完成"，数据量为"0%（0/100%）"，标注状态为"0%"，说明压缩包中的 100 个音频均已成功上传，而且是未标注状态，如图 12-15 所示。

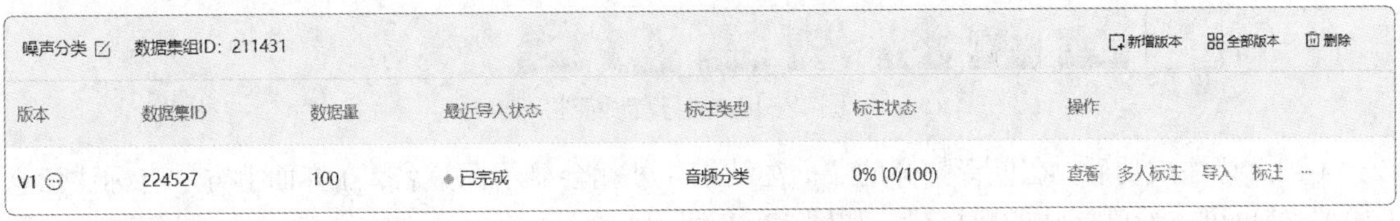

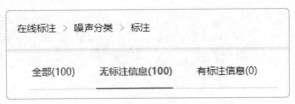

图 12-15　查看数据集状态

（10）单击该数据集右侧"操作"栏下的"标注"按钮，进入标注界面。可以看到无标注信息的数据量是 100，如图 12-16 所示。

图 12-16　查看无标注信息的数据量

（11）单击右侧的"添加标签"按钮，输入标签名"警笛声"，单击"确定"按钮进行保存，如图 12-17 所示。

图 12-17　添加标签

（12）选择标注界面下方的音频数据对应的选项，单击右侧标签栏的"警笛声"或按快捷键"1"进行标注，如图 12-18 所示。

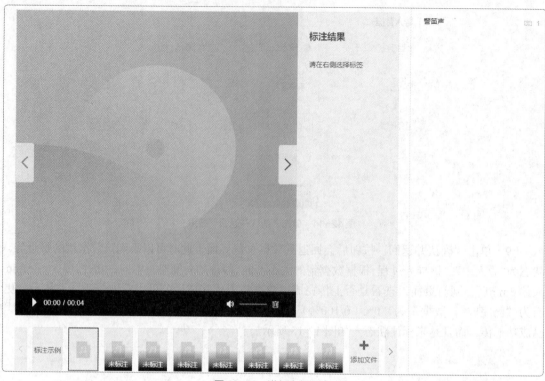

图12-18　进行音频标注

（13）标注成功后，在该音频旁的"标注结果"处就会显示标签名，在界面上方"有标注信息（10）"处也可查看已标注的数据量，如图12-19所示。

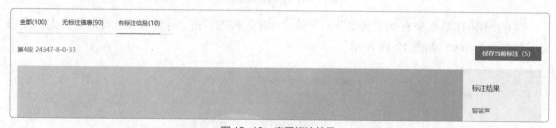

图12-19　查看标注结果

步骤 3：上传已标注数据

由于单个标注的效率过低，在数据量较多的情况下可以通过以下步骤，上传已标注的数据来快速完成标注。

（1）在标注界面下方，单击"添加文件"按钮，如图12-20所示，进入数据导入界面。

图12-20　单击"添加文件"按钮

（2）在"导入数据"的"数据标注状态"一栏选择"有标注信息"选项，在"导入方式"一栏选择"本地导入"-"上传压缩包"选项,在"标注格式"一栏选择"以文件夹命名分类"选项,如图 12-21 所示。

图 12-21　设置数据导入方式

（3）单击"上传压缩包"按钮,查看导入压缩包的要求。

- 上传已标注文件要求格式为 ZIP 格式,同时压缩前源文件大小限制在 5GB 以内。
- 单音频文件类型为 WAV/MP3/M4A 格式,文件大小限制在 4MB 以内,长度限制 15s 在以内。
- 压缩包内支持以文件夹作为标签,文件夹下的所有音频文件作为样本。
- 标签名可由数字、中 / 英文、连字符、下画线组成,长度上限为 256 个字符。
- 压缩包内的分类的名称命名建议定义为字母或数字,若以中文命名可能会被解析为乱码。
- 有标注信息的压缩包目录结构如图 12-22 所示。

（4）回到 EasyDL 平台数据导入界面,单击"上传压缩包"按钮,在"上传压缩包"对话框中单击"已阅读并上传"按钮,如图 12-23 所示。

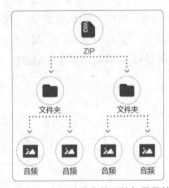

图 12-22　有标注信息的压缩包目录结构

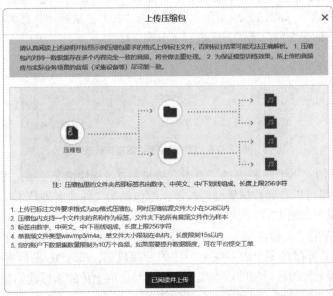

图 12-23　"上传压缩包"对话框

（5）将训练集文件夹压缩为 ZIP 文件，并选择该压缩包进行上传。文件上传过程中，须保持网络稳定，不可关闭网页，该过程大约需要 10min。上传完成后，单击"确认并返回"按钮，如图 12-24 所示。

图 12-24　单击"确认并返回"按钮

（6）单击"确认并返回"按钮后会回退到数据总览界面，此时可以看到该数据集的最近导入状态为"正在导入"，如图 12-25 所示。并且，标注状态为"10%（10/100）"，这 10 个已标注的数据是在步骤 2 中单个标注的。

图 12-25　查看数据集状态

（7）大约 5min 后，刷新页面，查看是否上传完成。数据集上传完成后，可以看到最近导入状态已更新为"已完成"，如图 12-26 所示，数据量为"200"。从标注状态为"100%（200/200）"可知，这些数据均已通过文件命名的方式进行了分类和标注。

图 12-26　查看已更新的数据集状态

（8）单击该数据集"操作"栏下的"查看"按钮，查看标注情况。单击界面上方的"有标注信息（200）"，在这里可以看到数据集已经按照压缩包里的文件命名进行了标注。另外，还可以看到各标签的数据量，如图 12-27 所示。

（9）从界面上方的"无标注信息（0）"处，可以看到之前上传的未标注数据不见了，这是因为在同一数据集中若存在多个内容完全一致的音频数据，EasyDL 平台将会做去重处理，如图 12-28 所示。因为上传的已标注的数据集中包含了与之前上传的未标注的数据完全一致的音频数据，所以平台做了去重处理，保留了已标注的数据。

图 12-27 各标签的数据量

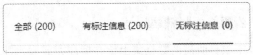

图 12-28 查看数据去重效果

（10）如需要为其中一类导入更多的数据，可单击该标签右侧的"导入"，如图 12-29 所示。

图 12-29 单击"导入"按钮

（11）在弹出的对话框中，从上方的标签名称可以看到，即将导入的数据将被标注为"狗叫声"，这是一种批量标注的方式，但是从注意事项可知，该方式单次上传限制 5 个文件，相对于导入已标注的压缩包的方式而言，这种方式的效率并不高，适用于少量数据的补充。单击"添加文件"按钮选择所需要添加的音频即可导入，如图 12-30 所示。

图 12-30 按标签导入音频

（12）在导入过程中，在界面上方可以看到正在导入的相关提示。当该提示消失时，即代表已导入成功，如图 12-31 所示。

图 12-31　导入提示

步骤 4：训练模型

本项目所需的数据集上传并标注完成后，即可通过以下步骤进行模型训练。

（1）单击左侧导航栏的"训练模型"，进入训练模型界面。"选择模型""训练配置"均保持默认设置即可，在"添加训练数据"一栏，单击"+ 请选择"按钮，如图 12-32 所示。

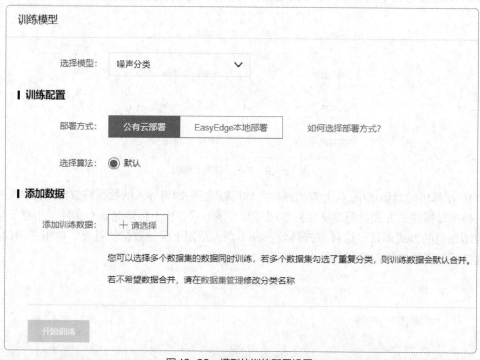

图 12-32　模型的训练配置设置

（2）在"添加数据集"对话框中，选中所有分类对应的选项，单击"确定"按钮，即可完成数据集的添加，如图 12-33 所示。

（3）回到训练模型界面，可以看到已经选择了 1 个数据集的 2 个分类。如果选择错误，可以单击旁边的"全部清空"按钮，重新选择数据集。确认无误之后，单击"开始训练"按钮，开始训练，如图 12-34 所示。

（4）单击"训练状态"-"训练中"旁的感叹号图标，可查看训练进度，如图 12-35 所示，还可以设置在模型训练完成后，发送短信至个人手机。若手机号设置有误，可单击手机号旁的编辑按钮，修改手机号。训练时间与数据量大小有关，本次训练大约耗时 15min。15min 后，刷新界面，查看是否训练完成。

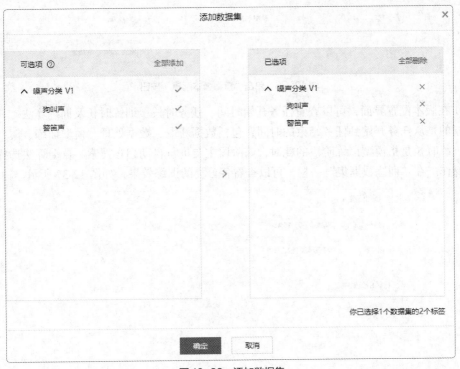

图 12-33 添加数据集

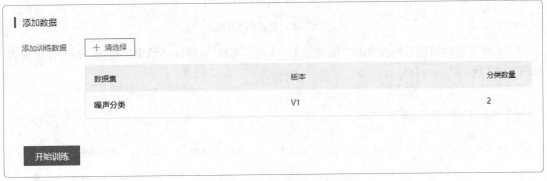

图 12-34 单击"开始训练"按钮

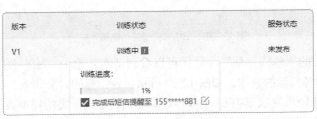

图 12-35 查看训练进度

步骤 5:评估模型

完成模型训练后,可以评估该模型的训练效果。

(1)单击右侧"操作"栏下的"查看版本配置"按钮,查看各分类的模型效果,如图 12-36 所示。

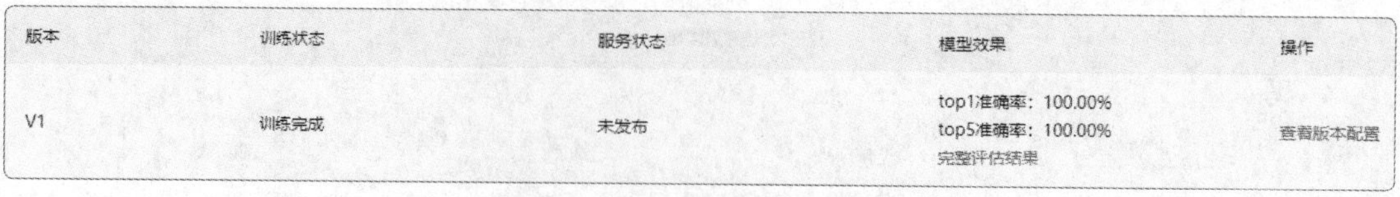

版本
训练状态
服务状态
模型效果
操作
V1
训练完成
未发布
top1准确率：100.00%
top5准确率：100.00%
完整评估结果
查看版本配置

图 12-36 单击“查看版本配置”按钮

（2）在版本配置界面，可以查看任务开始时间、任务时长、训练时长及训练算法。其中，任务时长指的是从任务开始到任务结束的时间，包括数据获取、数据处理、模型训练、模型评估等阶段；训练时长是指模型训练阶段的耗时，该阶段主要进行自动超参搜索、自动算法选择、模型训练等操作。在“训练数据集”一栏，可以查看各分类的训练效果，如图 12-37 所示。

基础信息
任务开始时间 2021-09-05 16:45
任务时长 10分钟
训练时长 3分钟
训练算法 公有云API--默认算法
训练数据集
No.
名称
训练效果
1
狗叫声
精确度：100.00%
F1-score ： 1.000
2
警笛声
精确度：100.00%
F1-score ： 1.000

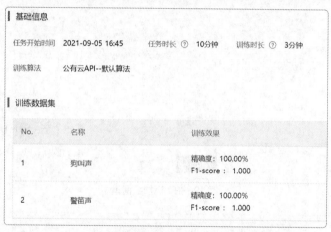

图 12-37 查看训练效果

（3）回到我的模型界面，单击“模型效果”一栏下的“完整评估结果”按钮，查看评估报告，如图 12-38 所示。

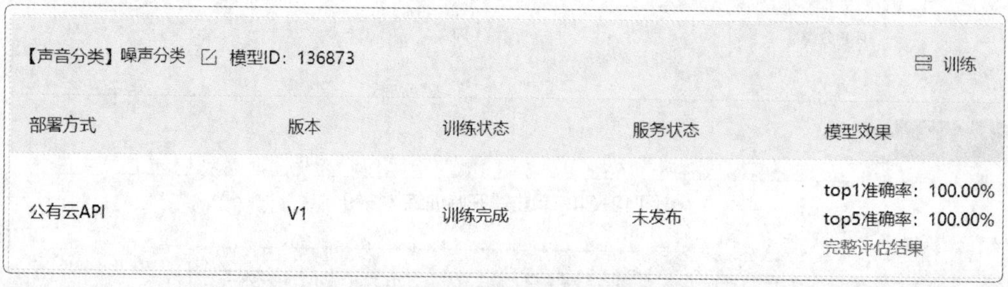

【声音分类】噪声分类
模型ID：136873
训练
部署方式
版本
训练状态
服务状态
模型效果
公有云API
V1
训练完成
未发布
top1准确率：100.00%
top5准确率：100.00%
完整评估结果

图 12-38 单击“完整评估结果”按钮

（4）从评估报告的“整体评估”一栏，可以看到基本结论为“噪声分类 V1 效果优异”，从评估报告中可以看到各指标的数据，如图 12-39 所示。各指标的含义如下。

- 准确率是基于随机测试集中 63 个样本计算的，为正确分类的样本数与总样本数之比。
- F1-score 对某类别而言指的是精确率和召回率的调和平均数，此处为各类别 F1-score 值的平均数。
- 精确率指的是某类样本被正确预测为该类的样本数占被预测为该类的总样本数的比率，此处为各类别精确率的平均数。
- 召回率指的是某类样本被正确预测为该类的样本数占被标注为该类的总样本数的比率，此处为各类别召回率的平均数。

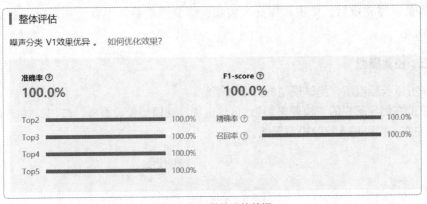

图12-39 整体评估数据

（5）从评估报告的"详细评估"一栏，可以看到随机抽取的 63 个样本的预测表现，其中正确预测的样本数量为 63 个，预测错误的样本数量为 0，如图 12-40 所示。

（6）如果模型的训练效果较差，想要知道如何优化模型的训练效果，可以在"整体评估"一栏，单击"如何优化效果？"按钮，如图 12-41 所示，进入咨询界面。

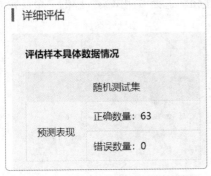

图12-40 查看评估样本具体数据情况

| 整体评估

噪声分类 V1效果优异 。 如何优化效果？

图12-41 单击"如何优化效果？"按钮

（7）在咨询界面,选择对应的问题,如"样本数据有较大噪声""检测声音设备非常多样"或者"其他",并在"其他要求"一栏输入具体的问题描述,此处需要输入多于 20 个字符但不能超过 500 个字符的内容,如图 12-42 所示。

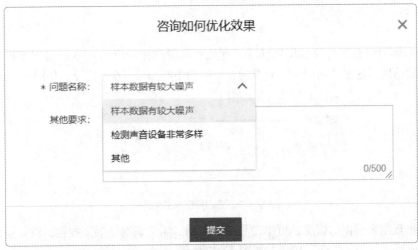

图12-42 咨询如何优化效果

（8）信息填写完成后，单击"提交"按钮，提交成功后，平台会提示已经收到反馈，如图 12-43 所示。

步骤 6：校验模型

接下来可以校验模型，测试模型的应用效果。

（1）单击左侧导航栏的"校验模型"，再单击"启动模型校验服务"按钮，如图 12-44 所示，等待 2min 左右，即可进入校验模型界面。

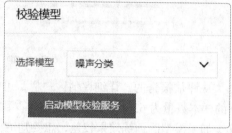

图 12-43　提交成功的提示　　　　　图 12-44　单击"启动模型校验服务"按钮

（2）单击校验模型界面下方的"点击添加音频"按钮，选择"测试集"中的一个音频数据并打开，等待校验，如图 12-45 所示。

图 12-45　校验模型界面

（3）在右侧可以查看对应的识别结果，此处可以看到在阈值为 0.03 的情况下模型预测的分类及对应的置信度，这里"狗叫声"分类的置信度为 100.00%，效果优异，如图 12-46 所示。

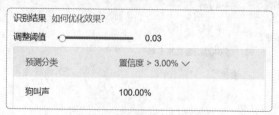

图 12-46　查看模型识别结果

（4）若出现结果错误的情况，可单击界面下方的"纠正识别结果"按钮，设置正确的识别结果。设置完成后，单击"提交"按钮，如图 12-47 所示。

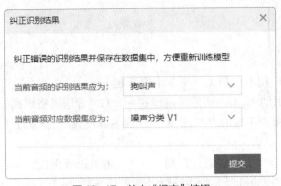

图 12-47　单击"提交"按钮

（5）提交成功后，平台会弹出对话框，提示已经将音频提交到对应的分类中，如图 12-48 所示，方便重新训练模型。

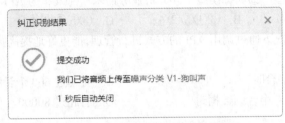

图 12-48　纠正识别结果提交成功的提示

知识拓展

　　前面所学的声音分类技术是音频信息处理技术的主要研究内容之一，除此之外，音频信息检索技术、音频水印技术、音频信息伪装技术等也是音频信息处理技术的主要研究内容。以下简要介绍其中一项具有广泛应用价值的技术——音频信息检索技术。

　　音频信息检索指的是从音频资源中找到满足用户所需的信息的匹配、定位过程。传统的音频信息检索是基于文本描述的，它通过关键字查找相应的文本标注来检索相应的音频信息。但随着多媒体数据的迅速增加，尤其是网络流媒体的急剧"膨胀"，此类检索方式已经不能满足实际音频信息检索的要求。例如，在多媒体音频信息检索方面，音调、音色、节奏等效果是很难用符号化的方法加以描述的。

　　而基于内容的音频信息检索方式突破了传统文本检索方式的限制，它根据音频信息具有的特征参数而非人工标注的外部属性对音频信息进行检索。其基本思想是通过对音频的处理，提取并分析音频信息具有的特征参数，建立它们的结构化组织和索引，通过分类处理使音频有序化，在此基础上进行检索和浏览。

　　音频信息检索的应用范围非常广泛，可用于音像馆、图书馆资料的管理以及互联网音频信息的搜索等，同时它还可满足公安、安全部门的业务等诸多需求。原始音频数据除了含有采样频率、量化精度、编码方法等有限的注册信息外，其本身仅是一种非语义符号表示和非结构化的二进制码流，缺乏内容语义的描述和结构化的组织形式。相对于日益成熟的图像与视频检索技术，音频检索技术的发展较为滞后。

（1）音频信息处理应用不包括（   ）。【单选题】

    A. 自动语音识别   B. 图像风格迁移   C. 音乐风格识别   D. 噪声分类

（2）识别不同的异常或正常的声音，进而用于突发状况预警，这属于（   ）的场景应用。【单选题】

    A. 语音唤醒   B. 语音识别   C. 语音生成   D. 声音分类

（3）App 语音助手、智能机器人对话等短语音交互场景，属于（   ）的场景应用。【单选题】

    A. 语音唤醒   B. 语音识别   C. 语音生成   D. 声音分类

（4）声音分类模型正确的使用流程为（   ）。【单选题】

①创建声音分类模型   ②训练模型   ③分析业务需求   ④发布为 API   ⑤上传数据集

    A. ⑤①③②④   B. ③①⑤②④   C. ③⑤①②④   D. ⑤③①②④

（5）在以下哪种情况下通过调用 API 的方式进行管理，能更好地提高数据管理效率？（   ）【单选题】

    A. 首次使用平台时   B. 有超过 600 个音频数据时

    C. 有超过 2000 个音频数据时   D. 有超过 80000 个音频数据时